맛있는 경험이 행복한 인생을 만듭니다.

한국인의 오래된 밥집을 찾아서

우리네 향토 음식과 노포에 관한 이야기

1판 1쇄 발행 2024년 06월 12일
1판 2쇄 발행 2024년 06월 24일

저자 권오찬

교정 주현강 **편집** 김다인 **마케팅·지원** 김혜지

펴낸곳 (주)하움출판사 **펴낸이** 문현광

이메일 haum1000@naver.com **홈페이지** haum.kr
블로그 blog.naver.com/haum1000 **인스타그램** @haum1007

ISBN 979-11-6440-593-0(03980)

한국인의 오래된 밥집을 찾아서

우리네 향토 음식과 노포에 관한 이야기

안녕하세요, 대한민국의 맛을 찾아다니는 권오찬입니다.

저는 시골 농촌 출신이라 양식이나 일식보다는 한국인의 정이 담긴 따스한 밥상이 좋았고, 세대를 넘어 전해진 맛의 역사와 그 식당을 지키는 사람들의 이야기를 일찍부터 좋아했습니다. 그래서 꽤 오랜 시간 노포를 찾아다니게 되었습니다.

무엇보다 대한민국 방방곡곡 떠난 가족 여행에서 지역의 '향토 음식'과 '노포'는 제 아이에게 있어 학교 안에서는 만날 수 없는 교과서이자 지역을 비추는 거울이기도 했습니다. 이 책은 자칫 어렵게 느껴질 법한 음식 이야기를 '알아 두면 쓸모 있는 넓고 얇은 교양' 수준으로 풀어 쓴 글을 모은 것입니다.

수십 년 동안 묵묵히 주방에 불을 지피는 노포의 이야기를 담아냈지만, 그분들의 인생철학이나 남다른 장사 비결을 다룬 거창한 책이 아닙니다. 그러나 거창하지 않기에 오히려 우리가 늘 먹는 밥상처럼 소박함을 담아낼 수 있었습니다.

이 책에 담아낸 '소박한 밥상 같은 이야기'라는 정체성을 표현하기 위해 제목에도 군이 노포나 맛집 같은 대중적으로 널리 사용되는 단어보다는 좀 더 정겨운 느낌의 '밥집'이라는 낱말을 선택했습니다.

1부는 가족과 함께 전국 별미 여행을 다니며 만난 지방의 향토 음식에 관한 이야기를 담아 제일 오래된 식당 혹은 가장 인지도가 높은 식당 위주로 추렸으며, 2부는 서울, 경기 지역 노포의 오랜 업력에 얽힌 이야기를 부담 없이 풀어 보았고, 3부에서는 전국의 지역 냉면을 대표할 만한 식당을 방문한 경험담을 그려 보았습니다.

이 책이 전국의 향토 음식과 노포를 다루기에는 턱없이 부족할 테지만, 우리네 밥상에 담긴 이야기가 조금이나마 따스하게 전달되었으면 좋겠습니다.

아무쪼록 이 책이 독자 여러분들의 즐거운 식도락 여행에 작은 지침서가 되기를 소망합니다.

목차

하나.

꼭 알려 주고 싶은 우리네 '향토 음식' 이야기   11

01. 부산 최고(最古)의 업력을 자랑하는 돼지국밥 식당   12
    부산:「영도삼대소문난돼지국밥」

02. 엘리자베스 여왕의 생신상에 올라간 안동 간고등어   19
    안동:「일직식당」

03. 경북 청송의 향토 음식, 닭불백숙   25
    청송:「신촌식당」

04. 대구 10味 중 으뜸, 따로국밥 이야기   30
    대구:「국일따로국밥」

05. 단종애사에 얽힌 피끝마을의 유래와 태평초   38
    영주:「자연묵집」

06. 삼척을 톺아보다, 삼척 곰칫국 이야기   42
    삼척:「바다횟집」

07. 일제 수탈이 남긴 또 하나의 흔적, 나주곰탕   50
    나주:「나주곰탕하얀집」

08. 남원의 향토 음식, 추어탕 이야기   56
    남원:「새집추어탕」

09. 최고의 기력 충전 보양 음식, 생선국수와 도리뱅뱅   62
옥천:「선광집」

10. 꿀잼 도시 대전의 칼국수 이야기   67
대전:「대선칼국수」

11. 당신이 몰랐을 춘천닭갈비 이야기   71
춘천:「남춘천닭갈비」

12. 제주의 식개 문화를 엿볼 수 있는 식당   75
서귀포:「혼차롱식개집」

13. 향토 음식 장인이 차려 내는 제주의 잔치 밥상   82
제주:「낭푼밥상」

14. 제주의 탕반 음식, 접짝뼈국   90
제주:「화성식당」

둘.
- - - - -
나만 알고 싶은 '노포' 이야기   99
- -

15. 'Since 1904'에 빛나는 대한민국 제일 노포   100
서울:「이문설농탕」

16. 'Since 1932', 서울에 단 하나 남은 서울식 추어탕   106
서울:「용금옥」

17. 'Since 1937', 길고 긴 80년 업력의 해장국 노포   112
서울:「청진옥」

18. 'Since 1948', 서울식 해장국의 대표 선수 이야기   118
서울:「창성옥」

19. 'Since 1956', 전쟁 후 감동스러운 국밥 한 그릇　　123
서울:「부민옥」

20. 'Since 1962', 궁중으로 들어간 서민 음식, 닭곰탕　　128
서울:「닭진미강원집」

21. 'Since 1968', 낙원동의 서울 미래 유산 냉면　　136
서울:「유진식당」

22. 'Since 1968', '백숙백반'을 아시나요?　　140
서울:「사랑방칼국수」

23. 'Since 1969', 동두천의 반세기를 담은 경양식당　　148
동두천:「56HOUSE」

24. 'Since 1975', 삼각지 대구탕 골목의 원조　　156
서울:「원대구탕」

25. 'Since 1976', 떡볶이의 신세계　　160
서울:「신세계떡볶이」

26. 'Since 1977', 고기 인심 가득한 설렁탕 노포　　164
서울:「이남장」

27. 'Since 1978', 술을 팔지 않는, 오로지 '해장'을 위한 집　　171
서울:「북성해장국」

28. 'Since 1980', 두유 노우 불고기?　　177
서울:「보건옥」

29. 'Since 1983', 한국 최초의 일본식 돈가스 전문점　　186
서울:「명동돈가스」

셋.

대한민국 냉면 족보의 시조 식당   191

30. 'Since 1953', 대한민국 함흥냉면의 전설   192
서울: 「오장동흥남집」

31. 'Since 1919', 피란민이 만들어 낸 부산의 진미, '밀면'   198
부산: 「내호냉면」

32. 'Since 1945', 다큐멘터리가 되살려 낸 진주의 명가, '진주냉면'   205
진주: 「하연옥」

33. 'Since 1946', 평양냉면 역사의 산증인   214
서울: 「우래옥」

34. 'Since 1952', 알고 먹으면 더 맛있는 '해주냉면'   218
양평: 「옥천냉면황해식당」

35. 'Since 1966', 금호동 재래시장의 정통 서울식 냉면   224
서울: 「골목냉면」

꼭 알려 주고 싶은
우리네 '향토 음식' 이야기

부산: 「영도삼대소문난돼지국밥」

우리나라 제2의 도시이자 해양 수도인 부산(釜山)에는 의외로 '부산 출신'인 것이 많지 않다. 본래 자그마한 포구마을에 불과했던 '부산포'는 1876년에 체결한 강화도 조약으로 인해 강제 개항되며 진행된 매축(埋築) 공사 등으로 전국 팔도의 노동자들이 몰려들며 인구가 급격하게 증가하게 된다.

부산진 매축 기념비

당시 좌천동 앞까지 바다가 닿아 있었으며, 오늘날 보수동, 광복동, 남포동 등 축구장 210여 개 면적과 맞먹는 원도심 지역의 150만 ㎡ 땅은 과거에는 바다였다 하니 공사의 거대한 규모와 동원된 막대한 인부 수(數)를 가

늠해 볼 수 있다. 이러한 매축 공사가 부산의 급격한 팽창의 첫 번째 계기였다면, 두 번째 계기는 한국전쟁으로 인한 피난민 유입이다.

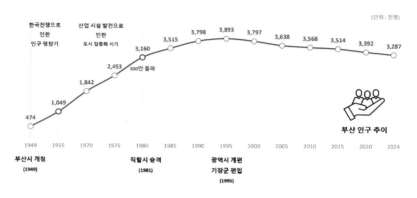

부산 인구 추이 그래프

부산은 해방 이후 귀환한 동포와 한국전쟁으로 인한 피난민들로 인해 인구 확장이 이루어져 그 결과, 1950년대 중반에는 인구 100만을 넘어서는 거대 도시로 성장하게 된다. 이런 도시의 팽창 과정 속에서 전국 팔도의 사람들이 가지고 온 각양각색의 문화는 부산이라는 '용광로' 속에서 용해되고 재탄생되었다. 그렇게 부산은 서로 다른 것을 포용하는 넉넉함과 혼종성을 동시에 품고 있는 도시로 거듭나게 된다.

본디 향토 음식이란 그 음식을 향유하는 지역의 물리적 환경과 정서를 반영하고 있기에 지역성을 품고 있다. 부산의 돼지국밥 역시 이북의 맑은 고기 육수, 제주의 몸국, 밀양의 소머리국밥, 일본의 돈코츠라멘 등 굴곡(屈

曲)과 영욕(榮辱)의 시대 한가운데에서 자의 반, 타의 반 부산에서 삶을 재건한 이들이 만들어 낸 '문화 용광로' 속에서 재탄생한 소중한 시대적 산물이다.

부산에 가면 골목마다 꼭 하나 이상 자리하고 있는 것이 바로 돼지국밥 식당인데, 상호를 보면 의외로 '밀양', '합천' 등 경남 지역 지명이 많이 보인다. 이는 돼지국밥이 부산에만 존재하는 고유 음식이라기보다는 경남권역에서 널리 먹던 음식이 부산에 자리 잡았다고 보는 것이 타당하다는 근거가 된다. 아울러 현재 부산에서 가장 오래된 돼지국밥 식당의 시작이 1938년이고, 밀양에는 1940년대부터 영업 중인 돼지국밥 식당이 있었던 것으로 미루어 보아 돼지국밥은 한국전쟁 이전에도 분명 존재했던 음식임을 잘 알 수 있다. 이처럼 대중이 갖고 있는 상식보다는 훨씬 더 오래전부터 더 넓은 지역에 존재했던 돼지국밥이 부산을 대표하는 향토 음식으로 자리 잡게 된 연유에는 한국전쟁 당시 피난 수도였다는 역사적 스토리텔링의 힘이 절대적이라고 할 수 있다.

하나. 꼭 알려 주고 싶은 우리네 '향토 음식' 이야기

천만 영화, 「변호인」 포스터

2006년 만화가 허영만은 그의 작품 『식객』에서 이 돼지국밥을 일컬어 "부산 사람에게 향수 같은 음식"이라 소개한 바 있고, 2013년 12월 개봉한 영화 「변호인」은 故 노무현 대통령과 부산에서 일어난 '부림 사건'이라는 실화의 힘을 통해 부산 돼지국밥을 명실상부한 전국구 음식으로 주목받게 했다.

2010년 전후만 해도 서울 사람이 부산에 내려가 처음 겪는 문화 충격 중 하나가 바로 '돼지국밥'이었다. 그도 그럴 것이 당시 서울 사람들에게 돼지고기는 '구워 먹는' 식재료이지, 끓여 먹는다는 것은 '미역국에 생선을 넣고 끓이는 것' 이상으로 생소한 이야기였기 때문이다. 서울 사람에게 있어 물에 빠진 돼지고기를 먹는 경우는 오직 김치찌개와 순대국밥뿐이니 돼지국밥이란 단어 자체가 주는 어감은 퍽 어색했으리라.

부산식 맑은 국물(「할매국밥」)　　　밀양식 진한 국물(「합천일류돼지국밥」)

돼지국밥은 그저 돼지고기로 끓인 국이라 정의하기엔 돼지 뼈와 고기를 삶는 비율과 순서, 시간에 따라 전혀 다른 풍미를 내는 민감한 음식이다. 흔히 설렁탕처럼 뽀얀 국물을 '밀양식', 곰탕처럼 맑은 국물을 '부산식'이라 하지만 부산식 맑은 돼지국밥의 조리 기술은 사실 이북 피난민들이 원조라 봐야 한다.

경상도식 육수는 사골을 오래 고아 내지만, 이북식은 단시간 사골을 우리고 여기에 살코기를 넣고 끓여 국물을 말갛게 만든다. 맑은 국물을 내는 돼지국밥집은 피난민이나 피난민 어깨너머로 이북식 조리법을 배운 부산 토박이들이 대를 물려 운영해 왔다. 실제 「수요미식회」에도 소개된 범일동 「할매국밥(1956년 개업)」은 맑고 개운한 국물이 일품인데, 창업주 최순복 할머니는 평양 출신으로 알려져 있다.

| 현재 식당 전경 | 1938년 개업 당시 건물 사진 |

돼지국밥의 도시인 부산에서 현존하는 최고(最古) 업력의 식당은 1938
년에 개업해 지금도 유지되고 있는 영도 소재의 「영도삼대소문난돼지국
밥」이다. 당시 가정집이던 목조 기와집에 솥을 걸고 장작불로 국밥을 끓여
낸 지 어언 80여 년을 훌쩍 넘긴 3대째 이어 오는 대물림 식당이다.

이 집에서 주목해야 할 것은 옛날 방식 그대로 '토렴'을 해 준다는 것이
다. '국밥'은 사전적 의미로 '국물에 말아 낸 밥'인데 과거에는 보온 시설
없이 가마솥만 걸고 국밥을 팔아야 했기에 찬밥을 따스하게 내기 위해선
토렴 말고는 선택의 여지가 없었다. 최근에는 뚝배기째 팔팔 끓여서 공깃
밥을 별도로 내주는 곳이 많아졌다지만, 어찌 되었든 보온밥통과 온장고가
없던 시절의 음식인 돼지국밥의 원형은 토렴 방식이다.

「영도삼대소문난돼지국밥」의 한 상 차림

　대부분의 돼지국밥집에선 이미 탕 그릇에 다대기를 얹어 나오는데, 이 집은 다대기 없이 토렴한 국밥에 대파와 후추를 올려 제공된다. 한두 술 뜨다 보면 약간 밍밍했다고 생각했던 맛이 또렷해지며 숨겨져 있던 내공이 그 찬연한 모습을 드러낸다. 곁들임 찬으로 제공되는 신김치와의 궁합은 그야말로 안성맞춤이다. 돼지국밥의 느끼함을 김치의 신맛이 시원하게 잡아 주며 국물의 깊은 맛을 도드라지게 해 준다.

안동: 「일직식당」

　정약전이 흑산도 유배 생활 중 저술한 해양생물 백과사전인 『자산어보』에는 고등어를 등이 푸른 고기라 하여 '벽문어(碧紋魚)'라 하고, 조선 시대 전국 팔도의 지리와 풍속과 인물 등을 기록한 『동국여지승람』에는 옛 칼의 모양을 닮았다 하여 '고도어(古刀魚)'로 기록되어 있다.

　예로부터 전라·경상·함경·강원 등 우리나라 전역에서 쉽게 잡히는 고등어는 일찍감치 국민 생선의 지위에 올라서긴 했지만, 정작 바다 생선인 고등어를 고유한 브랜드로 만들어 향토 음식으로 품고 있는 도시는 아이러니하게도 내륙에 자리한 '안동'이다.

정약전이 저술한 『자산어보』(고려대학교 도서관 소장)

『자산어보』에는 "벽문어(지금의 고등어)는 길이가 두 자가량이며 몸이 둥글다. 비늘은 매우 잘고 등에는 푸른 무늬가 있다. 국을 끓이거나 젓갈로 담글 수는 있어도 회나 어포는 할 수 없다."라고 기술되어 있다. 본디 고등어는 성질이 급한 생선이라 잡히는 즉시 죽고, 사후 부패가 빨리 진행되기에 내륙 지역에서는 만나기 어려운 생선이다. 허나, 필요는 발명의 어머니라 했던가. 고등어를 내륙으로 옮겨야 했던 필요는 바다와 내륙을 잇는 안동의 지리적인 특성에 의해 '염장'이라는 방법으로 승화하였다.

안동의 고등어는 주로 동해안 영덕에서 출발하여 영덕 황장재와 청송 가랫재를 통해 넘어오는데, 등짐과 우마차를 이용해 꼬박 이틀에 걸쳐 250여 리를 운반해야 했다. 영덕에서 내륙으로 옮겨 오는 과정에서 고등어가 상하기 시작하는 곳이 바로 안동 시내에서 10리 떨어진 임동의 챗거리 장터이다.

부산의 명지도에서 생산된 자염(바닷물을 끓여 채취한 소금)은 낙동강 700리 뱃길을 거슬러 강 상류로 올라오는데, 최종 나루터가 바로 안동 시내의 개목 나루다. 그 이상은 강이 험하고 수심이 얕아 배가 더 올라갈 수가 없다.

챗거리 장터에서 간잽이들이 고등어를 염장하는 풍경

이렇게 동해의 고등어와 염장에 필요한 소금은 천리(千里)라는 멀고 먼 거리를 거쳐 내륙 깊숙한 임동의 챗거리 장터에서 만나게 된다. 지금처럼 냉장 기술과 도로가 발달하지 않았으니 더 깊은 내륙으로 운반하기 위해서는 상하지 않도록 생선의 내장을 제거하고 소금을 치는 염장 작업이 필수다. 여기서 고등어의 배를 갈라 왕소금을 뿌렸고, 소금에 절여진 고등어는 안동까지 오는 동안 바람과 햇볕으로 자연 숙성 과정을 거치게 된다. 특히, 비포장길에서 덜컹거리는 달구지에 실려 오는 동안 자연스레 물기가 빠져 안동에 도착할 즈음엔 육질이 단단하고 간이 제대로 배어 있는 맛있는 간고등어가 되는 것이다.

시장 어물전에서 재래식으로 생산되는 '간고등어'가 소금 간과 숙성 단

계를 거쳐 비닐 포장되는 양산 체계를 갖추며 전국구 음식으로 발돋움하게
된 것은 2000년 전후다.

간잽이 이동삼 翁의 고등어 염장 시연 모습

이후 공장화 단계를 거치며 안동 간고등어의 브랜드化를 위해 마스코트
가 된 인물은 지금으로부터 40여 년 전 간잽이로 명성이 높던 '이동삼 翁
(2016년 작고)'이다. 마케터들은 이동삼 翁을 간잽이 캐릭터로 연출하기 위
해 보부상이 사용하던 패랭이를 쓰게 하고 민복도 입혔다. 그리고 수시로
홈쇼핑에 출연시켜 안동 간고등어를 홍보했고, 후에 그는 ㈜안동간고등어
의 핵심 멤버로 영입된다.

안동역 인근에 자리한 「일직식당」

안동의 대표적 특산품인 간고등어는 시내 곳곳의 식당에서 만날 수 있다지만, 외지 관광객에게 가장 인지도가 높은 식당은 안동역 인근의 간잽이 이동삼 翁의 자제가 운영하는 「일직식당」이다. 서울 여행객 대다수가 청량리에서 기차를 타고 안동을 방문하니 기차역 바로 옆 가장 좋은 목에 이동삼 翁이 식당을 차릴 수 있었던 것은 간고등어로 안동의 이름을 전국에 널리 떨친 그에 대한 배려였다.

「일직식당」의 간고등어 한 상 차림

    간고등어를 가장 맛있게 조리하는 방법은 약한 숯불로 노릇노릇하게 구워 내는 것이다. 자연스레 소금 간이 살에 배어들어 담백함과 짭조름함을 동시에 품고 있는 고등어살 한 점을 크게 발라 흰 쌀밥에 올려 먹으면 왕후장상의 밥상 부럽지 않을 정도의 충만한 행복감이 입속 가득 차오른다.

청송: 「신촌식당」

인구 3만이 채 안 되는 군 단위 지방 도시인 청송에서 가장 유명한 것은 바로 철 성분이 함유된 '탄산 약수'이다.

「신촌식당」의 약수탕(신촌 약수촌에는 식당마다 전용 약수탕이 있다)

전국에 닭 요리를 내는 곳이야 수없이 많으랴마는 경북 청송의 백숙이 특별한 이유는 바로 '약수'를 이용하여 조리해 특유의 맛과 향, 그리고 색을 내기 때문이다.

약수로 만든 닭불백숙을 전문으로 하는 청송의 「신촌식당」

청송에는 달기 약수와 신촌 약수가 있는데, 내가 방문한 곳은 달기 약수
촌에 비해 좀 더 수수하긴 해도 정겨운 시골 느낌 물씬한 신촌 약수의 오십
여 년 노포이자 원조 식당으로 알려진 「신촌식당」이다.

하나. 꼭 알려 주고 싶은 우리네 '향토 음식' 이야기

대표 메뉴인 '닭불백숙'을 주문하면 닭가슴살 부위를 언양불고기처럼 넓게 펴서 구워 낸 '닭불고기'와 녹두를 넣고 끓여 낸 닭죽에 큰 다리 하나를 얹어 낸 '닭백숙'이 함께 제공된다. 여기에 절대 놓치지 말아야 할 것은 추가로 주문해야 하는 '닭날개구이'이다.

먼저 나온 '닭불고기'는 양념이 주는 빨간색에 비해 맛의 레이어가 굉장히 다층적이라 깊은 맛이 일품이다. 아마 고추장 베이스에 다진 마늘과 물엿을 더해 매콤달콤한 맛을 낸 것으로 추측된다.

십수 년 전 싱가포르에서 비첸향 육포를 접하고 느낀 신세계, 바로 그 느낌과 맛이 비슷했다. 단독으로 먹는 것보다 상추쌈과 마늘 조합으로 먹든지, 고추지와 함께 콜라보로 먹는 것이 훨씬 더 깊은 맛을 느낄 수 있다.

다음으로 제공된 '닭날개구이'는 이른바 '인생 닭 요리'라 해도 무방할 만큼, 말 그대로 눈이 번쩍 뜨이는 맛이었다. 고아 낸 것이 아니라 구워 낸 것인데도 닭 날개뼈가 살과 제대로 분리되어 쏙 빠지는데 기름기는 빠지고 바삭함은 배가되어 먹는 내내 감탄의 탄성이 절로 흘러나왔다.

    끝으로 식사로 제공된 녹두를 넣은 닭백숙은 약수 성분 때문인지 녹색을 띠는 것이 청송 약수백숙의 특징을 그대로 보여 주었다. 약수에 포함된 철 성분은 닭의 잡내는 없애 주고 감칠맛은 더해 주며, 육질은 쫄깃하게 만들어 준다.

청송 달기 약수촌에는 다른 지역에서는 보기 힘든 특이한 이름의 식당이 연달아 있는데 바로 「서울여관식당」, 「대구여관식당」, 「약수여관식당」 등이 그렇다.

청송 원탕 약수와 바로 앞에 자리한 「서울여관식당」

1970년대 전후만 하더라도 지방 중소 도시에서는 의료 시설이 흔치 않았던 데다 치료 비용이 부담되어 민간요법과 자연요법에 기대를 건 환자들이 많았다. 청송의 철 성분이 함유된 탄산 약수는 위장병과 빈혈에 효험이 있다고 알려져 환자들이 약수터 주변에 텐트를 치고 머물렀는데, 이들을 상대로 구멍가게들이 생겨났고, 구멍가게는 여관으로, 다시 숙박객을 대상으로 한 식당으로 진화하며 다른 지역에선 유래를 찾기 힘든 '여관식당'이라는 상호가 생겨나게 되었다고 한다.

대구: 「국일따로국밥」

누구나 평등하게 하루 삼시 세끼를 먹는다지만, 오히려 밥상 위의 음식은 '사회적 계급'을 구분 짓는 중요한 잣대가 된다. 권력과 금력을 가진 자들은 시대를 막론하고 못 가진 자들에 비해 음식 자원을 '더 많이' 소유하였으며, '다르게' 먹어 왔다. 공동 노동과 공동 분배라는 원시 경제 시스템이 붕괴된 이후 가진 자들은 '더 풍성하며, 고급스러운 식탁'을 통해 자신의 권력과 부유함을 과시했다.

조선시대 역시 신분제 사회로 모두가 같은 사람일 수 없던 시절이다. 단호했던 신분의 구분에 따라 밥상 역시 유교 정신에 입각하여 양반가에서 먹던 '반가(班家)의 음식'과 농공상인들이 일상에서 편하게 먹던 '민가(民家)의 음식'으로 구분되었다. 양반가의 음식은 가문의 제사와 손님 접대를 해야 했기에 상차림 법과 식사 예법에 격식이 있었고, 평민가의 음식은 백성들이 일상생활 중 편리하고 효율적으로 식사할 수 있는 형태로 발달해 왔다. 민가의 대표적인 음식으로는 별다른 반찬 없이도 식사가 가능한 '탕반'이 있다.

이처럼 구분선이 명확한 문화라도 전쟁과 기근, 자연재해 등 예기치 못한 재난으로 어느 순간 경계가 무너지는 경우가 있는데, 주변에서 쉽게 찾아볼 수 있는 가장 대표적인 사례가 바로 대구의 '따로국밥'이다.

대구 10味

10가지 별미

대구에 와야 그 참맛을 느낄 수 있는 본고장 향토음식

대구 시내 각지의 관광지와 음식 점을 찾아다니는 재미도 느끼고,
입과 배를 즐겁게 해주는 대구만 의 맛집 여행을 추천합니다!

대구따로국밥(대구육개장)
얼큰하고 진한 국물지존

막창구이
주당들이 반한 그 맛!

뭉티기
생고기의 씹는 맛

동인동찜갈비
입안이 얼얼한 갈비!

논메기매운탕
든든하고 얼큰한!

복어불고기
매콤한 고급 퓨전

누른국수
시원한 멸치 육수

무침회
매콤달콤 술안주

야끼우동
해산물과 야채 천국

납작만두
얇지만 강한 맛

대구 10미(출처: 대구트립로드 홈페이지)

대구에는 지역의 향토성과 역사성을 고려하여 선정한 열 가지의 자랑할
만한 음식이 있는데, 이를 '대구 10味'라 부르고, 그중 으뜸으로 꼽는 것이
바로 '따로국밥'이다. 밥을 토렴하거나 말지 않고, 다만 밥과 국을 따로 내
었을 뿐인데 대구의 대표적인 향토 음식의 지위까지 올라가게 되었다니 그
이유가 퍽 재미있다.

향토 음식이 된 지역 대표 국밥

전국 어느 지역을 가나 지역의 개성과 특성이 담긴 국밥이 향토 음식의 반열에 오른 사례는 부지기수이다. 대표적으로 부산의 돼지국밥, 전주의 콩나물국밥, 나주의 곰탕, 천안의 순대국밥이 그러한 사례인데, 이는 해당 지역의 특산품으로 만들었다는 공통점이 있다. 그러나 대구의 향토 국밥은 분명 '식재료'가 아닌 국과 밥을 따로 내어 주는 '방식'에 지역성이 담겨 있다는 것이 특기할 만한 점이다.

국에 밥을 말아 내는 '토렴'이 한시라도 빨리 한술 입에 털어 넣는 서민들의 식생활에서 파생된 민가의 밥상 형태였다면, 국에 말아서 후루룩 소리를 내며 먹는 것은 경박하다고 여긴 양반들은 식사 예법에 따라 소위 '밥 따로, 국 따로' 먹은 것으로 알고 있다.

그렇다고 대구 지역에 양반들만이 살았던 것은 아닐진대, 국밥의 주재료가 아닌 '내어 주는 방식'이 얼마나 큰 의미가 있다고 대구를 대표하는 음식이 되었을까 하는 궁금증이 해소되지 않고 있던 차에 '대구근대역사관'에서 그간의 호기심을 해결할 수 있었다.

밥 따로, 국 따로 '따로국밥'

대구는 6.25 사변 당시 전국의 피란민들이 모여들었던 곳으로 실제 임시정부가 한 달여 동안 자리 잡았던 도시이다. 전쟁을 피해 대구로 넘어온 '도포 입고 갓 쓴 양반 손님'을 위해 '밥 따로, 국 따로' 내어놓기 시작한 것이 바로 '따로국밥'의 유래이다.

그렇다면 사골과 사태, 양지를 푹 고아 낸 육수에 대파와 무를 넣고, 쇠기름으로 고추기름을 만들어 양념한 대구 특유의 조리 방식에 한국전쟁이라는 아픈 시대상까지 담아내었으니 어찌 '따로국밥'이 향토 음식이 아닐 수 있으랴.

1946년에 개업한 대구의「국일따로국밥」

따로국밥을 먹기 위해 방문한 식당은 1946년에 개업한「국일따로국밥」
이다. 필자가 주문한 것은 '따로국밥'과 난생처음 보았던 '따로국수'였다.

마늘을 얹어 낸「국일따로국밥」(선지가 푸짐하게 들어 있다)

따로국밥을 받아 보니 그저 막연히 대구식 육개장이라 생각했는데, 오히려 '육개장'과 '선지해장국'의 중간 어느 지점의 음식을 밥 따로, 국 따로 내놓은 모양새였다. 시골 장터에서 만날 수 있는 '장터국밥'과도 일정 부분 맞닿아 있었다.

우선 흔히 먹는 서울식 육개장은 사태를 결대로 찢어 올리고, 고사리와 숙주, 대파와 당면 등이 들어가는데, 대구의 따로국밥은 양지머리 고기를 칼로 뭉텅 잘라 끓여 냈고, 시원한 맛을 내기 위해 무와 파, 그리고 이곳 사람들이 '소피'라 부르는 선지를 넣고 음식을 내올 때 다진 마늘을 반 수저 얹어 주는 식이다.

따로국수

하나. 꼭 알려 주고 싶은 우리네 '향토 음식' 이야기

'따로국수'도 알고 보면 굉장히 재미있다. 대구 사람들은 육개장과 함께 먹는 소면을 '육국수'로 부른다던데, 따로국밥의 종가인 이 식당은 국수조차도 면 따로, 국 따로 내어 준다. 1960년대 정부의 '혼분식 장려 정책'에 따라 쌀 대신 밀가루 면을 설렁탕이나 곰탕에 필수적으로 넣어 먹었다지만, 실상 서울에서 육개장과 소면을 함께 주는 식당은 경험해 보지 못했다. 오히려 나의 경험상 육개장은 소면보다는 칼국수와 더 잘 어울린다고 알고 있었다. 그러고 보니 대구는 전국 제일의 국수 소비 도시이다. 성격 급한 대구 사람들이 후루룩 먹고 '치아 뿌릴' 수 있는 국수와 성정이 맞기도 하거니와 대구 10味 중 하나가 바로 '누른국수'일 정도로 대구 사람들의 국수 사랑은 각별하다.

영주: 「자연묵집」

경북 예천에서는 '태평추'라 하고, 영주에서는 '태평초'라 불리는 '돼지묵김치찌개'는 이 지역에서만 근근이 내려오는 향토 음식이다.

같은 음식을 인근 지역끼리 다른 이름으로 부른다는 것은 그 연원이 문자가 어둡던 시대 글자가 아닌 '음'으로 옛사람들에게 내려져 이어 왔다는 것으로 해석할 수 있다.

단종애사가 서린 영주의 향토 음식, 태평초

태평초의 유래는 다양하다. 궁중에서 먹던 탕평채를 그리워한 이들이 청포묵과 소고기 대신 메밀묵과 돼지고기를 넣어 김치찌개로 끓여 먹었다는 설이 있고, 어지러운 세상 태평성대를 기원하며 먹었던 민초 백성들의 겨울 음식이라는 이야기도 있다.

어찌 되었든 이 음식은 한양의 궁중 음식이었던 탕평채를 누군가가 힘들고 어려운 시대, 이 땅에 전한 음식이라는 점은 분명하다.

순흥에 자리한 금성대군 신당

경북 영주시 순흥면은 단종의 비극이 서린 땅이다. 수양대군이 단종의 왕위를 찬탈한 지 3년 되던 해, 수양대군의 동생인 금성대군은 단종의 복위 운동을 순흥 부사 및 사육신 등과 도모하다 관노의 고변으로 역모를 발각당하고 만다. 당시 쿠데타로 왕위를 찬탈한 세조는 본인을 거역하는 이들에게 무자비하여 역모의 땅에서 살던 순흥 30리 이내 백성들을 도륙하니 이때 흘린 피가 죽계천을 따라 십여 리를 흘렀다고 전해진다.

고려 말 조선 초만 해도 "한강 이남으로는 순흥이 제일이요, 한강 이북으로는 개성이다."라는 이야기가 있을 정도로 모든 것이 풍족했던 순흥은 그렇게 지도에서 지워지고 만다.

이제는 아는 이도 몇 남지 않은 음식, '태평초'를 취급하는 「자연묵집」은 당시 사건으로 피가 흐르다 끊겼다는 동촌1리에 소재한다. 그래서 이 동네는 아직도 '피끝마을'이라는 이름으로 불리고 있다.

필자가 주문한 음식은 태평초 전골, 메밀묵밥과 비지튀김이다. 김치찌개에 두부 대신 이 지역 특산물인 메밀묵이 들어갔을 뿐이라고 생각했는데 제피와 인삼채 등의 향신료와 김 가루 등이 들어가니 분명 익숙해야 할 맛인데 매우 새로웠다.

끓이면 끓일수록 깊은 맛이 나는 전골의 범주에 속하지만, 태평초는 주방에서 내온 직후 바로 먹기 시작해야지 자칫 오래 끓이다가는 묵이 풀어져 버린다.

「자연묵집」의 별미, 비지튀김

　두부를 만들고 남은 비지에 옥수수콘 등을 넣고 튀겨 낸 비지튀김은 전
국에서 이 집에서만 맛볼 수 있는 별미이다. 향토 음식을 판매하는 수십 년
업력의 노포에서 이전에는 존재하지 않았던 튀김 음식과 칠리소스 조합이
라니! 다소 생소했지만, 필자는 이 대목에서 '온고지신'이란 사자성어가 떠
올랐다.

　레시피가 있는 음식을 개량하여 더욱 맛있게 만드는 것도 쉽지 않은 일
이지만, 누구도 만들어 보지 못한 음식을 만든다는 것은 상상력이 더해져
야만 가능한 일이다.

삼척: 「바다횟집」

　강원도 최남단 도시인 삼척은 동쪽으로는 동해안 해안선, 서쪽은 정선과 태백, 남쪽은 경북 울진, 북쪽은 동해시와 접하고 있어 동해안의 관문으로 불리는 곳이다. 다만, 과거 삼척을 방문하려면 영동고속도로의 끝자락에서 다시 동해고속도로를 타고 한참을 남하해야 했던 데다가 관광 인프라가 미처 개발되지 않아 한동안 동해안의 관문 대신 오지(奧地)로 불렸었더랬다.

　그러나 삼척이라는 지역이 품은 역사가 유구하고, 한국의 나폴리라 불릴 만큼 깨끗하고 맑은 바다와 5억 3천만 년 전 생성된 환선굴과 대금굴이라는 천혜의 자원을 갖추고 있는 데다 삼척에서 차량으로 15분 거리 동해까지 서울에서 KTX로 연결되어 있으니 강원도의 관광도시로 인기를 더하고 있다.

　삼척은 본디 약 이천 년 전 실직국이라는 군장국가가 자리했던 지역으로 이곳은 505년 신라 지증왕 때 합병되어 실직주로 변경되고 757년 경덕왕 때 비로소 지금의 지명을 갖게 된다. 삼척(三陟)의 지명은 세 개의 하천을 끼고 있는 골짜기라는 뜻의 '실직'에서 유래했는데, 이 세 개의 하천은 곧 북평의 전천, 삼척 시내를 통과하는 오십천, 근덕의 마읍천을 가리킨다.

이사부 장군의 전설이 얽힌 삼척의 사자바위

　신라 지증왕 당시 아슬라주(지금의 강릉)를 맡아 다스리고 있던 이사부 장군은 우산국(울릉도와 독도)을 복속시키는데, 당시 우산국 사람들은 바다를 터전으로 하고 있어 성정이 용맹한 데다 지세(地勢)까지 거칠어 무력으로는 쉽게 정복할 수 없었다. 이사부 장군은 이때 비책을 하나 내었는데, 그것은 바로 나무로 만든 사자를 전선(戰船)에 가득 싣고 위협을 하는 것이었다. 『삼국사기』의 기록에 따르면 그 시기는 서기 512년 6월이었다고 전해지는데, 6월은 동해가 1년 중 가장 잔잔하며 난류와 한류가 만나 울릉도 쪽으로 방향을 바꾸는 시기인지라 이사부 장군은 이러한 지리 해양적 특색을 적극적으로 활용하여 군선 출입이 용이한 삼척에서 출항했다고 한다.

　신라시대 이사부의 우산국 복속에 대한 역사적 권원(權原)은 이후 고려와 조선으로 이어졌고, 1900년에는 대한제국 칙령으로 법제화되었으니 독도가 대한민국의 영토임을 증명하는 역사적 근거의 첫 번째 단초는 바로 이 사건이라 할 수 있다.

수로 부인 헌화공원

삼척에는 이사부 사자공원과 더불어 역사 속 인물을 토대로 한 공원이 하나 더 있으니 바로 삼국유사에 등장하는 '수로 부인 헌화공원'이다. 때는 신라 성덕왕 시절, 강릉 태수로 부임하는 남편 순정 公을 따라가던 중 사람이 닿을 수 없는 천 길 낭떠러지 위에 핀 꽃을 수로 부인이 갖고 싶어 하자, 마침 소를 몰고 가던 노인이 꺾어다 바치며 부른 노래가 바로 「헌화가」이다.

수로 부인이 얼마나 경국지색이었는지 다시 채비를 차려 길을 가던 중 임해정에 이르렀을 때 갑자기 용이 나타나 수로 부인을 바닷속에 끌고 갔는데, 백성들을 시켜 "거북아, 거북아 수로(水路)를 내놓아라. 그렇지 아니

하나. 꼭 알려 주고 싶은 우리네 '향토 음식' 이야기

하면 그물로 잡아서 구워 먹으리."라는 노래를 부르며 지팡이로 강 언덕을 치니 용이 부인을 모시고 나와 도로 바쳤다고 한다. 이때 부른 노래가 바로 「해가사」이다.

비석 하나 없는 공양왕릉

또한, 삼척은 고려의 멸망과 조선의 태동이 시작된 곳이기도 하다. 고려의 마지막 왕 공양왕이 재위 4년 만에 폐위되어 원주로 추방당했다가 삼척에서 조선을 건국한 태조 이성계 일파에 의해 교살되어 묻히니 그곳이 바로 지금의 삼척시 근덕면 궁촌리이다. 『조선왕조실록』에 따르면 공양왕이 살해된 곳이 싸리재(살해재)이고 이곳에 한 달 넘게 핏물이 흘렀다 한다. 궁촌(宮村)은 임금이 계신 마을이라는 데서 유래한 지명이다.

태조의 5대조 이양무 장군의 준경묘

이성계가 삼척 땅에서 고려의 마지막 왕을 살해했지만, 아이러니하게도 이곳은 이성계의 5대조이며 목조(이안사)의 부친인 이양무 장군이 묻힌 땅이기도 하다. 조선 왕실의 가장 오래된 선대 묘이며 그 터는 5대 뒤 왕이 될 자손이 태어날 명당으로 백우금관(百牛金棺)의 전설이 어린 곳이기도 하다.

목조인 이안사가 아버지의 묘를 쓸 땅을 찾아 삼척의 지기 좋은 곳을 찾아다닐 때 어느 도승이 혼잣말로 "백 마리의 소를 바치고, 금으로 만든 관을 안장하면 5대 뒤 왕이 나올 자리다."라고 하는 이야기를 듣고 꾀를 내어 한자와 음이 같은 백우(白牛, 흰 소)를 바치고, 황금빛을 띠는 보리로 관을 짜서 아버지를 모시니 후손인 이성계가 왕이 되었다는 전설 같은 이야기가 전해져 내려온다. 이토록 삼척은 오래된 역사만큼이나 품고 있는 신화와 전설, 민담이 가득한 곳이다.

　삼척은 바다와 산을 모두 끼고 있어 어업과 농·임업이 공존하는 작은 도시이다. 그래서인지 주로 어류와 산나물로 만든 음식이 눈에 많이 띄는데 대부분 강원도 다른 도시의 음식과 눈에 띄는 차별성은 발견하기 힘들다. 다만, 삼척에는 이것만큼은 '우리가 원조'라고 주장할 만한 특별한 향토 음식이 있으니 바로 다른 지역에서는 맛보기 힘든 '곰칫국'이다.

경매 대기 중인 곰치

　곰치는 뭉툭한 큰 입에 머리와 같은 크기로 두툼하게 뻗은 몸통, 미끄덩거리는 껍질, 흐물흐물한 살결을 가지고 있는데, 그 외양만 보면 도무지 음식으로 먹을 수 없을 것 같은 모양새이다.

실제 '미거지'라는 정식 이름이 있지만, 워낙 못생겨서 이 지역에서는 '곰치'라고 부른다. 게다가 곰치의 날카로운 이빨은 주둥이에 닿는 것들을 낚아채어 끊어 버리니 어부 입장에서는 값어치는 없고, 그물을 망가뜨리는 곰치가 그다지 반가운 생선은 아니었을 테다.

삼십여 년 전만 해도 나룻가에는 버려진 곰치가 수두룩했고, 곰치가 많이 잡히는 겨울철이면 아낙네들은 곰치를 팔기 위해 이 집 저 집을 전전해야 했다고 한다. 버리기 아까워 할 수 없이 먹던 음식이 바로 곰치였는데, 삼척이 관광지로 각광을 받으며 수요가 늘자 이제는 한 그릇에 2만 원이나 하는 '금치'가 되어 버렸다.

삼척 정하동에 자리한 「바다횟집」

고성과 양양 지역에서는 곰치를 맑은국으로 먹기도 하지만, 삼척에서는 별다른 양념 없이 곰삭은 강원도 김치를 넣고 끓여 낸다. 삼척에서 곰칫국을 말할 때 빼놓지 않고 언급되는 식당이 바로 「바다횟집」이다. 가정에서 만들어 먹던 곰칫국을 상업적으로 판매한 원조 식당은 중앙시장 인근에 자리한 「금성식당」이라 알려져 있는데, 각종 방송 매체를 통해 삼척의 곰칫국을 전국에 널리 알린 곳은 바로 이곳 「바다횟집」이다.

곰치의 애를 넣고 끓인 「바다횟집」의 곰칫국 한 상 차림

동해의 밥상은 서해와 달리 간소하면서도 직관적인데, 이 식당에서도 역시 말린 오징어조림과 열무김치, 미역줄기무침 등 소박한 가정식 반찬에 곰칫국이 한 대접 나온다. 곰치는 흐물거리는 살 때문에 젓가락 대신 수저로 떠먹어야 하는 생선인데 칼칼한 국물과 함께 생선 살을 후루룩 먹으면 전날 먹은 술이 단박에 달아난다.

나주: 「나주곰탕하얀집」

홍선대원군이 "나주에선 세금 자랑을 하지 말라."라고 했을 정도로 나주는 호남 경제의 중심지로 오랜 역사를 간직한 곳이다.

나주 영산포 등대와 황포 돛배(출처: 대한민국 구석구석)

도로가 발달하기 전 내륙 제일의 포구인 영산포가 있어 호남의 물산이 집결되며 전국에서 오일장이 가장 먼저 시작된 곳 역시 나주이다. 현재의 전라도(全羅道)가 전주(全州)와 나주(羅州)의 앞 글자를 따와서 붙여진 이름이라는 것만 봐도 그 옛날 나주의 영화(榮華)를 미루어 짐작할 수 있다.

나주는 예로부터 곡창지대를 끼고 있는 데다 농경에 필요한 소들을 키우는 목축업이 발달했고, 이에 더해 포구까지 발달하여 풍요롭기만 했다. 이와 같은 나주에서 시작된 맑은 곰탕의 유래는 아이러니하게도 일제강점기로 거슬러 올라간다.

일제는 진주만 공습으로 시작된 태평양 전쟁의 병참 보급 목적으로 한반도를 수탈하였는데, 전선의 병사들에게 보급할 주요 품목 중 하나가 바로 '소고기 통조림'이었다. 평야가 많아 농사를 짓기 위한 경작용 소가 많았던 것에 주목한 일제는 1916년 일본인 사업가 다케나카 신타로를 앞세워 통조림 공장을 설립하여 조선 한우를 수탈하였다.

다케나카 통조림 공장이었던 화남산업 폐공장(우측 조형물 상단의
소머리 그림과 일본어를 통해 과거 흔적을 엿볼 수 있다)

풍요롭다는 것은 달리 말해 빼앗아 갈 것이 많다는 의미와 일맥상통한다. 농경 사회였던 조선시대, 중요한 가축으로 도살이 금지됐던 소가 태평양 전쟁이 한창이던 시기에는 하루 무려 400여 마리가 도축되었다고 하니 힘없고 나약했던 당시의 슬픈 시대상을 짐작할 수 있다.

어쨌거나 나주 지역의 곰탕은 일제 치하 통조림 공장에서 사용하지 않는 소머리와 내장 부위를 싸게 납품받아 조리하다 보니 소뼈를 우려내는 다른 지역의 곰탕에 비해 사골(四骨)의 사용 비율이 현저히 낮은 데다 2등급 이하의 고기에서 나오는 누런 기름을 끊임없이 걷어 내는 과정을 거치다 보니 '맑은 국물'이 특징이 되었다.

물론 이는 시대가 만들어 낸 가슴 아픈 레시피일 뿐 현재는 좋은 등급의 양지와 사태로 육수를 내기 때문에 맛이 특히 깔끔하고 개운하다고 알려져 있다.

2020년 방문 당시 간판과 최근 리모델링한 모습

나주시 금성관 인근 곰탕 거리가 조성되어 수십 년 노포가 즐비하다지만, 나주 하면 곰탕이라는 등호 공식을 만들어 낸 곳은 단연 「나주곰탕하얀집」이다. 우리나라에서 가장 오래된 식당은 1904년 개업한 서울 종로의 「이문설농탕」이고, 그 뒤를 잇는 노포가 바로 1910년 문을 연 「나주곰탕하얀집」이다.

애초부터 이 식당의 상호가 「나주곰탕하얀집」이었던 것은 아니고, 원래는 「류문식당」이란 이름으로 개업하여 장터에서 해장국과 국밥을 판매하다가 1960년 3대 계승자인 길한수 명인(名人)이 곰탕 전문점으로 전환하였고, 「나주곰탕하얀집」이라는 상호는 1969년부터 사용하는 것으로 알려져 있다.

곰탕 토렴 과정(출처: 「나주곰탕하얀집」 홈페이지)

이 집의 주요한 차별성 중 하나가 바로 '토렴'이다. 운 좋게 주방 건너편에 앉아 국자로 밥을 부수고, 국물을 따랐다가 덜어 내는 과정을 볼 수 있었다. 이 과정을 거치면 밥알이 국물에 불어 흐물흐물해지는 것이 아니라 오히려 코팅된 듯한 식감을 준다는 점에서 국말이 밥과는 전혀 다르다고 할 수 있다. 이렇게 토렴 과정을 거친 곰탕은 먹기 가장 좋은 온도로 손님 상에 오르게 된다.

　맑은 고깃국물에 녹색과 하얀색의 채 썬 대파, 노란색의 지단, 지단 위에 뿌려진 붉은색 고춧가루 등은 이미 그것만으로도 한 폭의 한국화이다. 첫 맛은 밍밍했으나 먹을수록 목젖을 타고 올라오는 담백한 감칠맛이 가히 천하일품(天下一品)이다.

08 남원의 향토 음식, 추어탕 이야기

남원: 「새집추어탕」

남원은 예로부터 지리산과 섬진강을 아우르는 농경문화의 중심지로 풍요롭고 인심이 후한 곳이다. 「춘향전」의 배경이 된 남원은 예로부터 '하늘이 고을을 정해 준 땅이자, 기름진 땅이 백 리에 걸쳐 있는 풍요로운 땅'으로 알려져 있다.

예로부터 물산이 풍부하여 의식주가 풍요로운 곳은 풍류(風流)가 발달하기 마련인데, 진주의 교방(敎坊) 문화가 꽃피운 화려한 육전냉면과 칠보화반이라 불리는 비빔밥이 그러하고, 조선시대 황희 정승이 지었다는 남원의 광한루원 역시 그러하다.

매년 춘향제가 열리는 남원의 광한루원

광한루는 남원 부사의 아들, 이몽룡이 그네 타는 성춘향을 보고 첫눈에 반해 버린 사랑의 장소로 매년 5월이면 남원시에서는 이곳에서 춘향의 높은 정절을 기리고 그 얼을 계승, 발전시키기 위해 '춘향제'를 개최하고 있다.

남원에는 이몽룡과 성춘향의 애달픈 사랑만큼이나 전국적으로 유명한 것이 하나 더 있으니 바로 '추어탕'이다. 여행을 통해 만난 남원에서 한 끼를 먹는다면 어떤 음식을 경험해야 할지 짧지 않은 고민을 했다. 사실 인터넷에서 후기가 좋은 돌판오징어볶음과 고추장더덕장어구이 식당 중 어디를 갈지 고민했는데 결론은 역시 남원의 향토 음식인 '추어탕'으로 정할 수밖에 없었다.

우리가 전국 어디에서나 접할 수 있는 추어탕은 삶은 미꾸라지를 으깨고, 여기에 시래기와 된장을 넣은 '남원식'인데, 어떻게 하여 남원식 추어탕은 서울식과 원주식을 제치고 전국을 평정했을까?

추어탕은 왜 전라도식 혹은 남도식이라 불리지 않고 도시의 지명을 그대로 차용한 '남원식'이라 부르는 걸까? 남원에는 전라도 여타 도시에서는 조달하기 어려운 식재료가 따로 들어가는 것 때문이 아니었을까?

상기의 두 가지 호기심을 해결하기 위해서는 남원에서 반드시 추어탕을 만나볼 수밖에 없는 일이었다.

남원 천거동 일대 추어탕 거리의 상징물

　　남원의 명소, 광한루원 인근에는 '추어탕 거리'가 조성되어 있다. 인구 8만의 조그마한 지방 중소 도시에서 40여 곳의 추어탕 식당이 성업 중이니 분명 남원식 추어탕에는 남원만의 식재료에 관한 지리적 환경과 조리 방식이 존재해야 했다.

　　여행의 최종 도착지는 하동. 서울에서 한 번에 달려가기엔 너무나도 먼 길이라 중간에 들린 곳이 남원이었다. 남원에 가는 동안 지리산에 쌓인 설경을 바라봤고, 섬진강의 지류를 따라 운전하여 도착한 곳이 하동이다. 섬진강의 지류에선 다른 곳보다 미꾸라지를 수렵하기 수월했을 테고, 지리산에선 추어탕에 넣을 수 있는 고사리와 무시래기 등을 쉽게 조달했을 터다. 여기에 일교차가 큰 산맥 아래에서 재배한 콩으로 만든 잘 익은 된장으로 끓여 낸 추어탕이 남원의 명물로 자리 잡은 것은 분명 필연이었을 게다.

갈아 낸 미꾸라지에 시래기와 된장을 넣고 끓여 낸 남원식 추어탕

남원식 추어탕은 기본적으로 '갈탕'이다. 기온이 상대적으로 높은 남쪽
지역의 미꾸라지는 하천에 먹을 것이 많아 그런지 크기가 큰 편이고 뼈가
억세기 때문에 삶아서 살과 뼈를 갈아 낸 형태로 조리한다. 북쪽 지역의 미
꾸라지는 상대적으로 뼈가 억세지 않아 '통탕(추어를 통으로 조리)'과 '갈탕'이
혼재하는데, 통탕이 기본인 것으로 알고 있다. 결국, 시간이 흘러 사람들이
혐오스러운 재료와 모양의 음식을 선호하지 않게 되며 시장에서 살아남은
것이 바로 '갈탕'이다. 조리 방식에서 갈탕이 승자가 되며 자연스레 남원식

추어탕은 서울식과 원주식 등 이북 지역의 조리 방식보다 대중화되었다고 조심스레 추측해 본다.

미꾸리로 튀겨 낸 추어튀김

식당에서 남원의 추어탕을 경험하고 나서야 발견한 재미있는 사실은 원래 이 지역에서는 미꾸라지가 아니라 '미꾸리'를 사용했다는 것이다. 이제는 미꾸리가 귀해져 추어탕은 미꾸라지로 끓여 내고, 숙회와 튀김만 미꾸리로 조리한다지만 최소한 남원 추어탕 거리의 식당에서는 그 흔한 중국산 미꾸라지는 찾아볼 수 없다. 이것이 남원식 추어탕의 본산이 지키고 있는 자존심이요, 고집이다.

Since 1959, 「새집추어탕」

　추어탕의 본고장인 남원에서 너도나도 원조를 자처하고 나서지만, 그중에서도 늘 거론되는 원조 격의 식당 중 하나가 바로 1959년 개업한 「새집추어탕」이다. 지금이야 워낙 번듯하게 건물을 올리고 본관과 별관까지 운영하고 있으니 '새로 만든 집'이라 오해할 수도 있지만, 정작 '새집'은 광한루원 뒤쪽에서 창업주인 서삼례 할머니께서 추어탕을 끓여 판 식당이 「억새풀집」이라 해서 붙여진 이름이다.

옥천: 「선광집」

프랑스의 타이어 회사, 미쉐린이 만든 미식 안내서 '미슐랭 가이드'

오늘날 전 세계에 걸쳐 수많은 식도락가와 여행객이 신뢰하는 '미슐랭 가이드북'의 애초 의도는 사람들이 더 많은 도로 여행을 통해 자동차 판매가 늘어나고, 그로 인해 타이어의 판매도 함께 확대됐으면 하는 것이었다.

★	요리가 훌륭한 식당(Very good cooking in its category)
★★	요리가 훌륭하여 멀리 찾아갈 만한 식당(Excellent cooking, worth a detour)
★★★	요리가 매우 훌륭하여 맛을 보기 위해 특별한 여행을 떠날 가치가 있는 식당 (Exceptional cuisine, worthy of a special journey)
빕 구르망[6]	합리적인 가격으로 좋은 요리를 맛볼 수 있는 식당(Good food at moderate prices)

미슐랭 Star 책정 기준(출처: 나무위키)

그렇다 보니 미슐랭 스타 책정 기준은 '식당에 가기 위해 해당 지역을 방문할 가치'가 있는가이다. 그 기준에 맞추어 이번에는 다른 지역에선 보기 힘든 '생선국수'와 '도리뱅뱅'을 먹기 위해 먼 길을 마다하지 않고 달려갔으니 이 식당은 내 기준으로는 '미슐랭 2 Star'를 주어도 아깝지 않은 곳이었다.

민물고기 음식은 사실 미식가들에게조차 미지의 영역에 가깝다. 민물고기 요리가 발달한 곳은 당연히 바다를 끼지 않은 내륙 지방일 테고, 내륙은 농업 의존도가 높은 지역인 데다 산을 끼고 있어 육(肉)고기와 나물 요리가 발달한 곳이다. 더군다나 강을 끼고 있다손 쳐도 유속이 느린 지역은 민물고기에서 나는 특유의 '흙내'로 인해 쉽게 도전하기 어려운 음식이다. 그래서 내륙 지역 사람들에게조차 민물고기는 사시사철 늘 먹는 일상 음식이 아니라 농번기가 끝나거나 시작하기 전 먹는 '별미'로서의 성격이 강하다.

충북 옥천은 금강 중상류 지역에 자리하여 유속이 빨라 강바닥에 진흙이 없는 곳이다. 빠른 유속을 거슬러 다녀야 하니 물고기의 살이 단단하고, 유속이 빠른 만큼 물이 맑아 민물고기 특유의 잡내가 없으니 이곳은 민물고기 요리가 발달하기 좋은 최적의 입지라고 할 수 있다.

옥천군 청산면 생선국수 음식 거리 안내도와 상징물

금강 줄기의 충북 옥천과 영동, 충남 금산, 전북 무주에서 민물고기를 이용한 어죽 음식이 발달하였는데, 이들 지역 중 옥천의 청산면이 생선국수의 본향으로 꼽힌다. 생선국수의 본향답게 청산면에는 '생선국수 거리'가 조성되어 있다.

60여 년 업력의 생선국수 원조 식당,「선광집」

이 중 1962년에 개업하여 벌써 60여 년이 넘은 기나긴 업력의 노포,「선
광집」은 옥천의 향토 음식인 생선국수를 가장 먼저 손님상에 올린 곳이다.

생선을 뼈째 푹 곤 어탕에 국수를 말아 낸 생선국수

옥천에서는 생선국수라 부른다지만, 충주가 고향인 내게 있어 더 익숙한 이름은 '어탕국수'이다. 1960년대 매운탕 국물에 수제비 대신 국수를 넣어 먹던 것이 시초가 되었는데, 지금의 생선국수는 생강과 흰콩, 한약재 등을 민물고기와 함께 고아 내는 방식이다 보니 들어간 정성이 마치 보약 한 첩 먹는 것과 같다.

도리뱅뱅

생선국수와 곁들여 먹으면 더욱 좋은 '도리뱅뱅'의 작명도 재미있다. 둥그런 프라이팬에 피라미나 빙어를 강강술래를 하듯 돌려 낸 다음 뱅뱅 돌려 가며 양념장을 발라 튀겨 내듯 조리하는 방식에 착안하여 도리뱅뱅이란 이름이 붙었다.

빙어를 살짝 매콤하다 싶은 양념으로 코팅하듯 구워 냈는데, 의외로 속은 촉촉하고 부드러워 매력적인 식감을 안겨 준다. 여기에 잘게 자른 깻잎채와 마늘 한 쪽 더하면 입안의 행복이 따로 없다.

대전: 「대선칼국수」

대전은 순우리말로 '큰 밭'이라 풀이할 수 있는데, 실제 1900년대 초까지만 하더라도 공주군에 속하는 한밭이라 불리는 작은 농촌 마을에 불과했다. 한적했던 작은 마을이 북적대기 시작한 것은 일제강점기 경부선과 호남선이 교차하는 대전역이 개통되며 철도 교통의 중심지로 자리 잡으면서부터다.

여전히 대전의 상징물인 1993년 개최한 대전엑스포의 마스코트, 꿈돌이

자고로 사람들이 즐겨 찾는 명승 유적이 있으려면 산세가 깊고 물이 맑아야 하는데, 대전은 너른 평야 마을을 중심으로 계획도시로 출발했으니, 대전이 품고 있는 20세기 이전의 신화와 전설 같은 이야기는 거의 없다고

해도 무방하다.

그리하여 대전은 보고 즐길 것이 없는 '노잼 도시'로 세상에 알려져 있는데, 미식가들에게 있어서 대전은 의외로 '꿀잼 도시'라 할 수 있다.

우리나라에서 가장 오래된 식당인 종로의 「이문설농탕」의 역사가 불과 120여 년에 불과하고, 일제강점기 이후 바로 한국전쟁을 겪으며 외식이라는 개념 자체가 대중화된 것이 1950년대 중후반임을 감안하면 대전은 전국에서 단위 면적당 '노포'가 가장 많은 곳이다. 대전은 근대 시기에 형성되어 철도 물류를 기반으로 '안정적'으로 발전해 왔던 도시이기 때문에 그렇다.

거기에 더해 경부선과 호남선 열차의 조차장이 있어 미국의 원조 물자인 밀가루가 전국으로 배분되는 곳이었기에 이 지역에 유행하게 된 것은 바로 밀가루로 만든 '빵'과 '칼국수'이다.

그래서일까? 전국의 베이커리 중 인지도에서 「성심당」을 앞서는 곳이 없고, 전국에서 유일하게 칼국수 축제를 개최하는 곳이 대전이다. 외식의 태동이 어차피 20세기 들어서부터라고 한다면 도시의 형성 과정과 맞물려 이토록 '선명하게' 향토 음식이 성업 중인 곳도 대전 이외 다른 사례를 찾아보기 힘들다.

하나. 꼭 알려 주고 싶은 우리네 '향토 음식' 이야기

대전 칼국수의 종가 격인 「대선칼국수」

칼국수의 도시답게 대전의 그것은 우리가 상상하는 그 이상의 것을 보여 준다. 시골 혹은 멸치 육수로 말아 낸 전통적인 칼국수부터, 또 다른 대전의 향토 음식인 두루치기와 결합한 오징어국수, 팥칼국수와 물총조개칼국수, 감자탕칼국수 등 그 육수의 종류만 해도 20여 가지에 이른다.

기회가 닿을 때마다 대전의 칼국수 노포를 방문할 마음으로 이번에 첫 포문을 연 곳은 1958년에 개업하여 대전 칼국수의 종가라 불리는 「대선칼국수」이다.

대전 칼국수의 원조 양대 산맥인 「신도칼국수(1961년 개업)」가 시골 육수 베이스라면, 대선은 멸치 육수로 국물을 낸다. 상당히 놀라웠던 부분이 바로 면의 식감인데 쫄면 굵기의 면을 빨아들여 오물거리고 있으면 마치 첫 사랑과의 첫 키스처럼 마냥 부드러워 구름 위를 걷는 기분이다.

칼국수와 꼭 함께 맛봐야 하는 수육과 초고추장 조합

어슷하게 썰어 낸 수육과 잘 어울리는 조합은 새우젓이 아니라 특이하게도 이 집만의 비법인 '초고추장'이다. 고소한 참기름 맛이 느껴지는 온비빔면도 다른 지역에서는 쉬이 찾아보기 힘든 매력으로 가득하다.

하나. 꼭 알려 주고 싶은 우리네 '향토 음식' 이야기

춘천: 「남춘천닭갈비」

우리가 즐겨 먹는 음식 중 '지명과 결합한' 메뉴가 몇 가지 있는데 전 지구적으로는 버팔로윙, 나폴리피자 등이 있고, 국내로 한정하자면 전주비빔밥과 평양냉면, 진주냉면, 춘천닭갈비, 대구따로국밥 등을 예로 들 수 있다.

이런 경우 십중팔구 해당 지역에서 조리법이 처음 개발되었거나, 해당 지역의 특산물로 조리한 전형적인 '향토 음식'이라 봐도 무방한데, 이번에는 '춘천닭갈비'에 관한 이야기를 풀어내려 한다.

2023년 15회째를 맞이한 춘천막국수닭갈비 축제 포스터

'춘천' 하면 당장 떠오르는 향토 음식으로는 닭갈비와 막국수가 있지만, 그 속을 들여다보면 실상 막국수는 닭갈비의 식사 메뉴로 춘천 지역에서 자리 잡은 데다 원주와 봉평, 속초와 강릉 등 강원도 전역에 걸쳐 분포하고 있으므로 춘천은 엄밀히 말하면 막국수보다는 '닭갈비의 고장'이라고 개인적으로 생각한다.

춘천의 명물로 알려진 닭갈비의 유래를 추적하기 위해 춘천시와 강원도 농업기술센터가 그 유래를 찾아 나섰고, 결과를 공고했는데 내용이 참으로 재미있다.

닭갈비는 모든 것이 빈곤했던 1960년을 전후로 생겨난 이른바 '산업화 시대'의 음식이다. 한국전쟁 후 미국의 원조로 한국은 급격한 산업화 과정을 겪게 되고 그 와중에 고기에 대한 수요 역시 급증하게 되는데 그래서 부족한 소고기 공급을 대체했던 것이 바로 돼지고기이다.

춘천 중앙로2가 18번지에서 돼지갈비 식당을 운영하던 김영석 씨(작고)는 돼지고기 수급이 안 되어 닭 두 마리를 가져와 고추장 양념을 하여 판매했는데, 이것이 바로 춘천닭갈비의 시작이다.

음식의 역사에 관해 관심이 있는 이들은 본래 춘천식을 '석쇠 구이'라고 알고 있는데, 그 배경은 춘천닭갈비의 최초 발상지가 돼지갈빗집이었기 때문이다.

하나. 꼭 알려 주고 싶은 우리네 '향토 음식' 이야기

닭의 갈비 부위를 사용하지 않았음에도 '닭갈비'라 명명된 것 역시 '돼지 갈비의 닭고기 버전'이라는 의미로, '돼지갈빗집에서 시작된 음식'이라는 설을 뒷받침해 준다.

전국으로 널리 퍼진 춘천의 철판 닭갈비

이후 석쇠는 무쇠 철판으로 진화하게 되고 아직은 모든 것이 빈곤했던 산업화 시대이니 양을 불리기 위해 각종 양배추와 고구마, 떡 사리 등이 푸짐하게 가미되어 현재 우리가 즐겨 먹는 '철판 닭갈비'의 형태는 1990년대 들어 완성되었다.

현재 우리가 먹는 철판 닭갈비는 마치 하나의 '공식'처럼 어느 지역의 어느 식당을 가더라도 매운맛을 중화시켜 주는 동치미, 감칠맛을 내기 위한 카레 가루 양념장 등으로 표준화되어 있는데 이 모든 것이 춘천에서 시작된 레시피이다.

남춘천역 인근에 소재한 「남춘천닭갈비」 식당은 재미있게도 양념장에 카레 가루가 들어가기 전 90년대 레시피를 사용하는 업장이다. 인공 조미료를 넣지 않고 건강한 맛을 추구하는 업장을 표명하는 데다, 이 집을 선택한 이유가 전국으로 닭갈비가 퍼져 나가기 전 카레 가루를 넣지 않은 그 당시 맛은 어땠을까 하는 호기심에서 찾아간지라 그 경험의 가치는 실로 충분했다는 생각이 든다.

서귀포: 「혼차롱식개집」

제주 사람들은 자연에 순응하며 모두가 다 함께 만들어 나누어 먹는 '나눔의 식문화'를 소중히 한다. 이는 공동체 안의 모든 '궨당'을 초대하는 관례와 혼례, 상례뿐 아니라 가문의 조상을 모시는 제례에도 역시 통용되었다.

특히, 제주에선 "식개맹질 먹으러 간다."라는 표현이 있는데, 제주어로 식개는 '제사'를, 맹질은 '명절'을 의미한다. 육지에서는 제사와 명절을 '지내러 간다'라고 표현하는 것과 비교해 보면 제주의 '먹으러 간다'라는 표현은 척박한 섬 환경을 배경으로 형성된 '공동체 식(食)문화'를 단적으로 나타낸다고 할 수 있다.

제주도의 전통 제사상

제주도에선 제사를 식개, 식게, 시께라고 하는데 이는 한자어 '食皆'에서 유래했다고 여겨진다. 한자로는 밥 식(食), 다 개(皆), 즉 '다 같이 모여서 먹는다'라는 의미이다.

제사는 조선시대 성리학이 일상생활에 자리 잡기 시작하며 굳혀진 문화로 어느 정도 틀 안에서의 고유한 형식은 같되, 지역마다 구하기 쉬운 음식과 가문의 형편에 따라 변형되어 정착되었기 때문에 제사 음식이 마땅하게 정해져 있는 것은 아니다.

다만, 지역에 따라 제사 음식은 각기 다를지라도 조상의 음덕을 기리기 위해 수고로움을 아끼지 않고 정성을 다해 정갈하게 준비하는 것은 지역의 구분이 없다. 다음 편에 다룬 제주시의 「낭푼밥상」이 제주의 '산 자를 위한 잔치 음식'에 관한 이야기였다면 서귀포의 「혼차롱식개집」은 '돌아가신 분을 위한 제사 음식'에 관한 이야기이다.

서귀포 올레 시장 근처에 소재한 「혼차롱식개집」

「혼차롱식개집」이라는 상호에는 이 집 음식에 관한 정체성이 담겨 있다. '혼'은 하나를 의미하고 '차롱'은 음식을 담는 소쿠리, '식개'는 제주어로 제사를 뜻한다. 즉, 제사 음식을 소쿠리에 담아내는 식당이란 것을 상호에서 유추할 수 있다.

「혼차롱식개집」의 소박한 호박잎국

제주의 향토 음식을 경험하고자 마음먹고 방문한 식당인데, 식전 음식으로 내준 '호박잎국'부터가 육지에선 먹어 보지 못한 낯선 음식이었다.

제주 어느 동네 집 주변을 가도 호박 덩굴이 돌 틈 사이로 뻗어 돌담 위까지 무성하게 덮여 있는 광경을 쉽게 찾아볼 수 있는데, 그만큼 재료의 조달이 손쉬웠으니 먹을 것 귀했던 섬 지역 여염집에서는 여름의 단골 메뉴였을 터다.

주인장께 여쭤보니 멸치 국물에 호박잎을 넣고 끓이다 밀가루를 대충 풀어 국물에 흩뿌린 것이 조리법의 전부라는데, 담백한 맛이 일품이라 거뜬히 한 그릇을 비워 냈다.

삼색 나물이 중심이 된 기본 찬

이 식당에서는 기본 찬을 내어 주는데, 시금치와 고사리, 콩나물 등 삼색 나물을 필두로 노각무침, 늙은호박조림과 가지 등이 상에 내어진다. 제사 음식은 색을 조화롭게 각 방위에 배치하는 것이 기본인데, 이곳의 기본 찬 역시 오방색(황색, 청색, 적색, 백색, 흑색)을 고루 갖추었다. 특히나 제주에선 돌아가신 조상신이 그날 차린 제물을 빙떡이나 느르미전 같은 넓적한 전에 싸서 고사리로 묶어 어깨에 짊어지고 간다고 믿었기에 고사리는 식개상에서 빠지지 않는 음식이다.

하나. 꼭 알려 주고 싶은 우리네 '향토 음식' 이야기

차롱에 담겨 오는 빙떡, 옥돔구이, 돗괴기적(혼차롱 세트)

여기에 더해 차롱에 옥돔구이와 빙떡, 돼지고기 산적구이를 담아 가져다주시는데 내 흥미를 유독 끌었던 것은 '빙떡'이다. 제주는 전국에서 메밀 산지로 으뜸인데, 강원도 대표 음식인 막국수가 메밀 요리의 상징으로 자리 잡다 보니 오히려 제주 메밀의 대표 음식인 '빙떡'은 육지 사람들에게 인지도가 몹시 낮은 편이다.

빙떡은 메밀가루 반죽을 둥그렇게 부쳐 내어 무나물을 멕시코 음식인 토르티야처럼 싸 먹는 음식인데 양념이 거의 들어가지 않다 보니 슴슴하기가 이루 말할 수 없다.

빙떡에 쏠라니(옥돔)

　제주에는 '빙떡에 쏠라니'라는 표현이 있는데 슴슴한 빙떡에 쏠라니(제주어로 옥돔)를 한 점 얹어 먹으면 간의 밸런스가 맞아 들어가며 매력이 배가된다는 의미를 담고 있다.

향신료를 배제하고 구워 낸 제주의 돗괴기적(돼지고기 산적)

돼지고기 산적구이는 제주어로 '돗괴기적'이라 하는데 제사상에서나 맛볼 수 있었던 특식이다. 제사 음식이기에 향이 강한 마늘, 간장, 참기름, 설탕 등 향신료를 배제하고, 간단한 양념만을 사용하는데 꼬치에 꿰인 고기의 크기가 심상치 않다. 이는 자손의 번창을 기원하기 위해 제사 음식은 길고 크게 만들어 내는 풍습의 결과물이다.

아무래도 나는 '산 자'이기에 한국인의 기본양념으로 건국 신화에서조차 등장하는 마늘이 배제된 제사 음식을 아주 맛있게 먹지는 못했다. 다만, 제주를 사랑하고 제주에 대해 더 많이 알고 싶은 이들에게는 그 무엇보다 '매력적인' 식당이라는 사실과 '훌륭한 경험'이 되리라는 것만큼은 분명하다.

제주: 「낭푼밥상」

제주는 한반도에 속하나, 육지와는 다른 섬 환경으로 인해 독특한 생활 문화가 형성될 수밖에 없었다. '섬'이 갖고 있는 '고립'이라는 지리적 특성으로 인해 중앙 정계에서 좌천되거나 큰 죄를 지은 이는 한양에서 가장 멀리 떨어진 제주로 유배를 보냈으며, 특히 임진왜란을 전후한 1600년대에는 극심한 생활고와 고역으로 육지로 도망가는 이들을 봉쇄하기 위해 인조 7년(1625년)부터 순조 25년(1825년)까지 약 200년 동안 출륙 금지령을 내리기도 하였다.

제주의 출륙 금지령(출처: MBC「선을 넘는 녀석들」)

조선의 중앙정부 입장에선, 당시 제주는 일본과 중국을 잇는 거점 지역이자 명나라와의 말(馬) 무역의 주요 생산 기지였으니 제주도의 인구 감소는 특산물의 진상, 군액의 축소 등 심각한 문제와 직결된다. 이런 점에서 중앙정부 입장에서는 출륙 금지령이 효과적인 유민 정책이었지만, 제주도민들에게는 육지와의 정치적, 행정적 단절로 인한 고립, 그 자체를 의미했다.

더군다나 제주는 화산섬 현무암 지형으로서 땅마저 척박하니 그야말로 자력갱생(自力更生)할 수밖에 없었다. 외부의 위협이 강해지면 내부의 결속은 강해진다고 했던가! 이러한 역사적 배경으로 말미암아 제주도는 육지에서 온 사람들을 불신했고, 그 결과 제주인들만의 공동체 결속력은 더욱 공고해져 갔다. 이와 같은 제주의 공동체 생활 문화를 관통하는 단어는 바로 '궨당'이다.

제주의 궨당 문화 (출처 KBS 콘텐츠안테나)

'궨당'은 친인척을 뜻하는 제주도의 사투리로 서로서로 돌보아 주는 가까운 혈족부터 먼 친척을 두루 일컫는데, 그 먼 친척의 범위에는 지연과 학연, 친분까지 아울러 포함된다. 그렇다 보니 제주에선 남자와 여자를 가리지 않고 공동체 안의 모든 사람을 '삼촌'이라 칭한다.

공동의 밥그릇, 낭푼으로 차려진 한 상

제주도의 생활 문화 전반을 아우르는 단어가 '궨당'이라면 식문화를 관통하는 단어는 '낭푼밥상'이다. '낭푼'은 나무의 제주어인 '낭'과 아가리가 넓고 밑이 좁은 '푼주'의 합성어로 집안의 대소사뿐 아니라 바다에 삶을 바친 해녀들의 바쁜 일상이 만들어 낸 식(食)문화이다. 낭푼은 밥상의 중심에 밥과 해산물 등을 가득 담은 낭푼 그릇을 놓고 식구 수대로 수저를 꽂아 먹던 '밥상 공동체'를 의미한다.

제주 향토 음식 전문점, 「낭푼밥상」

그래서 가장 제주스러운 향토 음식점의 상호로 「낭푼밥상」 이상 가는 이름은 없다. 제주시 연동 골목에 자리 잡은 이 식당은 1호 제주 향토 음식 명인인 김지순 님과 아들인 양용진 제주향토음식보전연구원장이 함께 꾸려나가는 공간이다.

게다가 참으로 반갑게도 지난 2021년 3월, 'The World's 50 Best

Restaurants'이란 단체에서 아시아 20개 국가, 49개 도시 전통 음식점 중 77곳을 'Essence Of Asia'로 선정했는데 제주의 향토 음식을 발굴하고 기록해 나가는 이 식당이 포함되었다는 낭보(朗報)도 있었다.

오늘 받은 밥상에서 특별히 따로 언급하고 싶은 부분은 '몸국'과 별도로 주문한 '순대', 그리고 정식 메뉴에 함께 나오는 '괴기반'이다.

다진 신김치로 간을 한 '가문잔치국(몸국)'

이 식당에선 돼지 육수에 모자반을 넣고 끓여 낸 몸국을 '가문잔치국'이라 하는데 가문잔치는 제주의 전통 혼례 잔치를 의미한다. 제주의 혼례 문화는 식을 올리기 전 길게는 5일, 짧게는 3일간 친인척과 이웃 사람들을 불러 잔치를 벌이는데 손님을 본격적으로 치르기 전 가문(家門)의 어른들을 모시고 하는 잔치라 그리 불렀다고 한다. 며칠에 걸쳐 끓이고 끓이는 잔치 음식인 몸국은 소금 간을 별도로 하지 않았기에 '다져 낸 신김치'로 직접 간을 해서 먹는 것이 제주의 전통 방식이다.

선지로 만든 제주 순대(수애)

순대는 제주어로 '수애'라 하는데, 제주의 순대는 채소를 거의 사용하지 않은 대신 선지를 주로 사용했기에 호남의 그것과 묘하게 맞닿아 있다. 제주는 물이 귀해 쌀이 귀할 뿐 채소는 나름 조달이 용이함에도 불구하고 순대 고명으로 사용하지 않은 것은 일상식이 아닌 관혼상제 잔치 음식이었기 때문이다.

앞서 언급한 대로 제주의 잔치는 며칠에 걸쳐 진행되어 이 기간 동안 음식을 상하지 않게 보관하려면 수분기가 없이 만들어야 했기에 다양한 재료를 오히려 사용하지 않았던 것이다. 제주도 수애는 소금이나 막장 대신 살균의 효과가 있는 '초간장'을 찍어 먹는 것도 기억해 두어야 할 대목이다.

공동체 구성원들 간의 평등한 분배, 괴기반

괴기반은 잔치나 초상을 치를 때 하객 및 문상객의 접대상에 올리던 1인분의 고기 접시를 의미한다. 넓적하게 썰어 놓은 돼지고기 석 점, 수애 한 점, 두부 한 조각을 담아낸 괴기반 역시 제주의 '공동체 정신'이 담겨 있다. 손님을 접대하기 위한 음식을 접시에 일정하게 배분해 놓고 남녀노소와 지위의 고하를 막론하고 공평하게 한 사람에게 한 접시씩 나누어 준다. 이것은 잔치에서나 먹을 수 있었던 귀한 음식을 행사에 참석한 모두와 공평하게 나누려는 제주인 특유의 '평등 의식'을 반영한 음식 문화라 할 수 있다.

어쩌면 우리는 그간 제주에서 고기국수와 흑돼지구이, 돔베고기를 먹고 제주 음식을 충분히 경험했다고 생각하고 있었을는지도 모른다. 더 나아가 제주의 오름과 바다를 보며 먹은 것들이 제주 감성의 전부라고 착각하고 있었는지도 모른다.

그러나 음식의 세계란 말 그대로 무한(無限)하다. 삼시 세끼 먹는 음식이지만 음식에 대한 배움 역시 끝이 없다. 제주의 속살을 음식을 통해 경험하고자 하는 이들에게 요즘 말로 '강추'하는 식당이다.

제주: 「화성식당」

한반도 식문화의 대표적인 특징이 바로 '탕반'이다. 밥이 주식이다 보니 별다른 반찬 없이 한 끼를 배불리 먹을 수 있는 국물 요리 또한 발달하였다.

'국'은 적은 양의 식재료로 양을 불려 여럿이 함께 먹을 수 있는 공동체 음식인 데다 한 번의 조리로 여러 끼니를 해결할 수 있는 효율적인 음식이다. 거기에다가 계절마다 조달되는 제철 식재료를 넣고 끓이는 조리의 간편함까지 더해지니 시대를 넘어 과거부터 현재까지 한국인 밥상의 주인공이라 해도 과언이 아니다.

한반도 전 지역에 걸쳐 퍼져 있는 탕반 문화는 지역의 역사와 기후, 풍토에 따라 향토 음식의 성격을 갖게 되는데 임금과 사대부가 살았던 서울 지역의 소고기 설렁탕, 강원도에서는 명태가 얼고 녹는 과정이 반복되어 만들어진 황탯국, 논에서 미꾸라지를 잡기 쉬웠던 곡창지대인 남원 일대의 추어탕 등이 바로 그 좋은 예이다.

제주의 탕반 문화(몸국, 고사리해장국, 은갈치호박국, 각재기국)

제주 역시 제주스러운 국물 요리가 발달했는데, 바다 재료로는 갓 잡아 올린 전갱이를 통으로 넣고 끓인 각재기국, 늙은호박은갈치국, 옥돔미역국 등이 있고, 뭍의 재료로는 돼지고기와 뼈를 고아 낸 탕을 베이스로 만든 고사리해장국, 몸국, 접짝뼈국 등이 있다.

논농사가 발달한 육지에서는 소가 주요한 농경 수단이었으나, 땅이 척박한 제주에서는 밭의 거름을 생산하고 잔치 때마다 잡아먹을 수 있도록 번식력이 좋은 돼지를 주로 길렀으니 제주의 고깃국물 요리는 대개 돼지를 베이스로 한다.

    돼지의 앞다리와 흉골 사이 부위 갈비뼈로 만든 접짝뼈국은 최근 들어 관광객들의 관심을 받고 있는 향토 음식이다. 올레길이 조성되고 저비용 항공사의 운항으로 제주 여행이 본격화되었는데, 그간 육지 사람들에게 비교적 낯설지 않았던 고기국수와 돔베고기, 갈치와 옥돔구이 등에만 쏠렸던 음식 편향이 이제는 새로운 경험을 원하는 이들에 의한 낙수 효과로 몸국을 지나 접짝뼈국까지 이르렀다.

하나. 꼭 알려 주고 싶은 우리네 '향토 음식' 이야기

필자는 제주민속자연사박물관에서 개최한 '제주의 결혼문화 특별전, 가문잔치(2022. 5. 18.~9. 30.)'에 방문했는데, 당시 아주 흥미로운 사실을 발견할 수 있었다.

새각시 밥상(제주민족자연사박물관, 필자 촬영)

박물관에서 재현한 가문잔치 밥상에는 괴기반과 몸국이 올라간 손님상뿐만 아니라 신랑과 신부에게 각각 차려 주는 밥상을 볼 수 있었는데 '새각시 밥상에는 접짝뼈국이 차려진 정찬 한 상'이, 신랑에게는 미역국이 올라간 간소한 밥상이 제공된다는 것이다.

섬이라는 척박한 자연환경에서 결혼이라는 행위는 한 명의 노동력이 이 집안에서 저 집안으로 옮겨 가는 행위이니 3일 이상 행해지는 제주의 가문 잔치 주인공은 아무래도 새각시(신부)였던 듯하다.

제주시 삼양 검은모래해수욕장 인근의 「화성식당」

접짝뼈국은 새각시에게나 제공되었던 귀한 제주의 음식이라는 것을 알았으니, 이제 삼양 검은모래해수욕장 입구에 소재한 접짝뼈국 단일 메뉴 식당인 「화성식당」을 방문할 차례다. 음식을 설명하는 주인장의 열정 가득한 표현이 참으로 절묘했다.

하나. 꼭 알려 주고 싶은 우리네 '향토 음식' 이야기

「화성식당」의 접짝뼈국 한 상 차림

주인장은 오뚜기 수프 넣고 끓인 맛, 죽을힘을 다해 만든 갈치속젓, 대충 대충 만든 김치라며 접짝뼈국 한 상 차림을 설명해 주셨는데, 직접 음식을 경험해 보니 무릎을 탁 하고 칠 만큼 절묘한 표현이 아닐 수 없었다.

부산의 돼지국밥이 유명해졌다고는 하나 여전히 충청 이북 지역 사람들에게 탕의 주재료는 소고기이지 돼지고기가 아니다. 거기에다가 메밀가루를 넣어 수프처럼 점성까지 강하니 관광객 입장에서는 충분히 생소할 수 있다. 그런데 주인장이 재미있게 표현한 '오뚜기 수프'에는 그 생소함을 무장 해제시키는 친근함이 숨어 있다.

갈치속젓 배춧잎 쌈

갈치속젓도 특유의 비린내와 식감 때문에 평상시 즐겨 먹지 않는 음식인데, 배춧잎에 쌈장을 얹어 먹으니 한 입 한 입이 소중하다 느껴질 만큼 맛있었다. 대충 만든 김치라지만 본래 제주의 김치는 육지 사람 기준으로 '간'이 다른데 주인장의 표현을 듣고 기대치를 더 내려놔서 그런지 접짝뼈국 한 상 차림을 모두 맛있게 경험할 수 있었다.

나만 알고 싶은
'노포' 이야기

서울: 「이문설농탕」

한국인의 밥상은 국과 밥이 한 묶음으로 엮인 이른바 '탕반' 문화로 대표된다. 권세가들의 잔치 음식이야 상다리 부러지게 차려 낸다지만, 서민들의 일상 밥상은 불과 한 세기 전만 해도 찬밥을 뜨거운 국물로 토렴한 국밥에, 반찬이라 해 봐야 간을 맞추는 간장과 깍두기가 전부였다.

그러한 가운데 지역별 특산품에 따라 탕반 문화는 다양한 음식으로 발전해 왔는데, 부산 및 경남 지역의 돼지국밥과 충주와 영월 등 강을 끼고 있는 내륙 지역의 올갱이국, 바다로부터 모자반을 채취해서 끓이는 제주의 몸국, 바다와 합수하는 섬진강과 낙동강 유역의 재첩국 등이 대표적인 예다.

그렇다면 서울 고유의 탕반 문화라 하면 어떤 음식이 있을까?

서울 동대문구 제기동에 위치해 있는 '선농단' 전경

　아마도 대부분의 독자는 농경 국가였던 조선의 왕이 선농단에서 하늘에 제를 올리고 제물로 바쳐진 소를 잡아 끓여 낸 탕국을 '선농탕'이라 불렀고, 이후 발음하기 쉬운 '설렁탕'이 되었으므로 서울 고유의 대표적인 탕반 음식은 설렁탕이라고 생각할 것이다. 그런데 이는 반은 맞고, 반은 틀린 이야기이다.

왕이 소에 쟁기를 매달아 밭을 가는 '선농제' 추정도

「청진옥」과 「창성옥」 등으로 대표되는 서울식 해장국의 근간이 소뼈를 베이스로 고아 낸 육수이고, 권력 계층이 거주했던 수도였기에 서울의 탕반 역시 소고기를 주재료로 끓여 낸 설렁탕이라는 점은 부정할 수 없는 사실이다. 그러나 우금령(소의 도축을 금하는 왕실의 명령)까지 내려졌던 조선시대에 임금이 주관하는 행사에서 소고기 탕국을 나눠 주었다는 것은 아무리 곱씹어 봐도 일견 이해하기 어려운 부분이 있다.

선농제 기원설에 힘을 실어 주는 「이문설농탕」

여기서 재미있는 대목은 대한제국 시절 개업했다고 알려진 「이문설농탕」은 1904년 개업했고, 이 식당의 상호는 선농탕과 설렁탕의 중간 단계인 '설농탕'으로 표기되어 있어 선농제 기원설에 힘을 실어 주고 있다는 점이다.

필자가 주문한 음식은 '특설농탕'이었다. 필자의 경우 국밥집에서의 주문은 거의 '특'으로 통일하는데, 국밥 전문 식당에서 '특'이란 '양이 많음'을 의미하는 것이 아니라 일반보다 다양한 부위를 뜻하기 때문이다.

「이문설농탕」의 국밥

오십을 목전에 둔 내가 이 집을 처음 방문했던 시점은 거의 20여 년 전인 30대 초반쯤이다. 당시 이 식당은 공평동 2층 한옥으로 영업하고 있었고, 당시 나는 "왜 국물이 뜨겁지 않지? 김치는 왜 이리 짜? 양에 비해 가격은 또 왜 그리 비싼 거야?" 등 온통 불만투성이였는데, 나름 음식에 대한 다양한 경험을 쌓고 방문한 지금은 이쁜 구석만 보인다.

그간 미식 경험이 쌓여서인지 토렴식 국밥은 본디 뜨거울 수가 없는 형
태였고, 심지어 과한 온도감은 오히려 맛을 느끼는 미뢰(味蕾)의 활동을 방
해한다.

특히, 오로지 소뼈와 다양한 소고기 부위를 넣고 우직하게 끓여 낸 국물
은 당연히 심심할 수밖에 없는데, 첫입에 짜다고 느꼈던 김치는 국밥을 두
어 술 뜨는 동안 국물과 간이 딱 맞아 들어간다.

특설농탕에 들어간 지라(비장) 부위

여기에 불과 3천 원을 더 주고 특으로 주문한 덕분인지 담백한 양지와 쫄깃한 머리 고기, 여타 설렁탕집에서는 경험하기 힘든 양지, 머리, 마나(비장)와 우설 등 다양한 부위의 식감과 맛은 '아, 이래서 이 집을 대한민국 최고(最古)이자 최고(最高) 노포라 하는구나.'라는 감상에 젖게 한다.

🍴 추가잡설

1904년에 개업하여 120여 년의 긴 시간이 훌쩍 넘도록 한자리에서 굳건히 자리를 지키고 있는 이 식당은 노포의 조건이 무엇인지를 곰곰이 생각하게 한다. 일제강점기와 한국전쟁, 산업화 과정을 험난하게 거친 대한민국에서 노포의 가치가 조명받기 시작한 것은 불과 십수 년 전부터이다.

그러나 여전히 노포에 대한 묵시적 동의만 있을 뿐 그 정확한 정의(定義)와 기준(基準)에 대한 사회적 합의가 없다 보니 노포의 기준을 상호로 할지, 혈연으로 할지, 식당 공간 자체로 봐야 할지에 대한 부분이 명확하지 않다.

일례로, 부산 밀면의 탄생 식당인 오십여 년 업력의 「내호냉면」은 창업주의 시어머니가 이북에서 운영했던 「동춘면옥」의 역사까지 물려받아 1백 년 역사를 인정받은 것이 불과 칠팔 년 전이고, 서촌의 「취천루(現 차이치)」는 1940년대 명동 롯데백화점 건너편 명동에서 영업했던 유서 깊은 만둣집이 전신이지만, 혈연관계는 끊어졌고 「취천루」의 주방장이 적통을 이어받았다고 알려져 있다.

「이문설농탕」 역시 상호와 음식, 조리법은 역사를 거슬러 이어져 왔지만, 위치도 여러 번 바뀐 데다 주인장도 세 번에 걸쳐 바뀐 것으로 알고 있다.

서울: 「용금옥」

지금이야 한강을 중심으로 강남과 강북을 구분하지만, 이 식당이 개업한 1930년대의 서울은 조선의 법궁(法宮)이었던 경복궁을 중심으로 한 사대문이 주요 생활권이자 핵심 상권이었으며, 구획 구분의 기준선은 다름아닌 '청계천'이었다.

그래서였을까? 대한제국 시절 생긴 노면전차의 운행 노선 중 본선 구간이 청계천을 따라 세종로-동대문-청량리였던 것은 결코 우연이 아니다. 해방과 한국전쟁을 거치며 영화 산업과 인쇄업의 발달로 사람과 돈이 모여들었던 장소 역시 청계천 변의 을지로이다.

무교동 「용금옥」 입구

당시 내로라하는 언론사와 금융기관 역시 청계천 변의 무교동과 다동, 광화문 등지에 밀집해 있었는데 당대의 쟁쟁한 기자와 관료들이 단골집으로 삼았던 전설적인 식당이 바로 3대째 대물림하여 내려오고 있는 「용금옥」이다.

「용금옥」 출입 통로에 걸어 놓은 JTBC 손석희 기자의 앵커 브리핑

워낙 전설적인 역사를 지닌 식당인지라 남북회담의 북측 통역사로 나온 이가 "「용금옥」이 아직 무교동에 있는가?"라며 안부를 물어봤던 일화나 항일유격대 출신인 독립투사이자 시인인 이용상 님이 「용금옥」에서의 비사를 엮은 『용금옥시대』라는 책을 출간했다는 것은 이미 널리 알려진 사실이다.

이 식당의 시그니처 메뉴인 '추탕'의 유래 역시 청계천과 연관 있다. 당시 청계천 다리 밑에서 살던 거지들이 미꾸라지와 버섯, 두부 등을 넣고 고춧가루 양념으로 끓여 먹던 것이 이름하여 '서울식 추탕'의 시작으로 알려져 있다.

「용금옥」의 서울식 추탕은 소 곱창 육수를 베이스로 하되 갈지 않은 통추어와 버섯, 두부 등이 들어가고 양념은 고춧가루로 만들었기에 먹다 보면 육개장의 얼큰하면서도 시원한 맛이 고스란히 느껴진다.

　사실 추어탕은 특별히 맛있게 먹는 방법은 따로 없다. 필자의 경우에는 토핑에 따라 맛이 어떻게 변하는지 궁금했기에 초반에는 산초와 파를 넣고 국수를 말아 먹다가 나중엔 반찬으로 나온 숙주나물을 넣고 밥을 말았는데, 어떻게 먹어도 다 맛있고, 나름의 멋이 있다.

단골이었다는 이만섭 국회의장과의 추억 사진

노포의 생명력은 온고지신(溫故知新)하는 혁신과 개선에 있기도 하지만, 철저한 전통 고수에 있기도 하다. 다만, 여기서 중요한 것은 기본 뼈대라고 할 수 있는 철학만은 변하지 않아야 하는데, 문득 필자는 「용금옥」의 철학은 변하지 않는 것이라는 생각이 들었다.

백화점 입점이나 프랜차이즈를 통해 더 큰돈을 벌 법도 한데 다동의 채 서른 평도 아니 되는 작은 한옥에서 묵묵히 주인장이 직접 끓여 내는 국밥 한 그릇과 이젠 손님의 90% 이상이 갈탕이라지만 세월을 함께한 오랜 단골들을 위해 여전히 통추어탕 메뉴를 고수하는 점, 그리고 국물의 시원한 맛을 위해 파 뿌리의 흰 부분만 사용하는 세심함 등이 바로 변하지 않는

「용금옥」의 생명력이 아닌가 한다.

서울: 「청진옥」

2019년 소비 트렌드 중에서 주요 키워드 중 하나가 바로 '뉴트로'이다. 매스미디어는 영리하게 트렌드를 주도하기도 혹은 반영하기도 한다.

언제나 '음식'이란 키워드는 방송의 주요 단골 소재이기도 했지만, 찾아갈 만한 가치가 있는 식당이 본격적으로 방송에 등장한 시기는 2003년경 SBS 방송국의 「결정! 맛대맛」이라는 프로그램이었다. 이후 「수요미식회」와 「삼대천왕」이 그 바통을 물려받아 한창 사랑을 받았다.

최근의 방송을 보면 「허영만의 백반기행」, 「노포래퍼」, 「다큐멘터리 3일」 등 '노포'를 소재로 한 프로그램이 인기를 끌고 있으며 청춘 식객인 2030 세대의 소위 '뉴트로 소비'가 이제는 당연한 시대가 되었다.

종로 피맛골 재개발 전 「청진옥」 가게 전경

다시 찾은 「청진옥」도 그러했다. 종로 청진동에서 1937년 개업하여 90여 년간 도심 직장인의 해장을 책임졌던 「청진옥」에 머물렀던 시간 동안 식당을 가득 메우고 있던 손님들은 이제는 나이 지긋한 신사들이 아니라 젊은 연인과 친구들이 월등히 많다.

성업 중인 「청진옥」의 현재 모습

필자는 이 식당의 변화를 직접 체험한 사람 중 한 명이다. 아직 사원 시
절이었던 2000년대 중반 피맛골의 청진옥 단층 건물에서 진짜 서민 식당
느낌이 물씬했던 당시에도 해장국을 먹었었고, 종로 개발 시대의 첫 발자
국이었던 르메이에르 빌딩에 청진옥이 입주했었던 필자의 대리, 과장 시절
에도 이 집의 음식을 먹었고, 르메이에르 빌딩 임대 계약의 만료로 건물 한
채를 식당으로 사용하는 현재도 경험했다.

통상 오래된 식당의 솥 위치가 바뀌면 음식 맛도 변하기 마련이다. 그나마 다행인 것은 십수 년간 띄엄띄엄 이 식당을 방문하며 느낀 결과, 오히려 음식 맛이 좋아지고 있다는 것이다.

레트로 인테리어를 했어도, 과거 허름한 외관과 왁자지껄한 분위기, 지긋한 연배의 손님들이 국밥 한 그릇에 소주 한잔으로 애환을 달래는 아우라는 더 이상 없을지라도, 또 서민이 부담 없이 먹기엔 다소 애매한 1만 원대로 가격이 올랐을지라도 오히려 선지와 양이 대식가인 나조차도 많다 느껴질 만큼 푸짐해지고, 국물은 조미료 맛 대신 중후한 중년 여인의 미소처럼 부드럽고 깊어졌다.

　일반적으로 '해장'이라 하면 숙취로 절어 버린 육신에 얼큰하고 자극적인 국물로 위장을 마비시키는 개념인데, 이 집의 해장국은 된장 베이스의 맑은 국물이다. 냄새를 잡기 어려운 부속물로 이 정도 맑은 국물을 낸다는 것은 그만큼 '재료의 신선함'에 대한 자신감이 없다면 어려운 일이다.

　여기 해장국은 세 번에 걸쳐 맛을 달리할 수 있다. 우선 나온 그대로 국물을 충분히 떠먹은 뒤 좀 더 깔끔한 맛을 내기 위해 파를 다량 집어넣고 반 정도를 먹는다. 그리고 다시 반이 남았을 때 잘 숙성된 빨간 다진 양념을 반수저 정도 넣으면 순박한 시골 처자가 스모키 화장에 빨간 립스틱을 바른 듯한 반전 매력을 느낄 수 있다.

서울: 「창성옥」

전국 팔도의 물산이 모이는 곳이 수도 서울이다 보니 오히려 이것이 바로 서울만의 음식이다 싶은 메뉴가 딱히 떠오르지 않는다. 더군다나 음식에 조예가 깊은 이라도 쉽게 접할 수 있는 해장국에 별도로 '서울식'이 있다는 것은 금시초문일 터다.

해장국이 서울의 상징이 된 것은 조선조 후기로 짐작된다. 1937년에 개업하여 80여 년이 훌쩍 넘은 노포인 「청진옥」의 자료를 살펴보면, 나무 장작을 팔기 위해 가평, 양평 등지에서 달구지에 나무를 싣고 사대문 안으로 온 이들이 짐을 부리고 아침밥을 해장국으로 허기를 달랬던 것이 서울식 해장국의 시초가 됐다는 것이 정설이다.

1948년 서울 용산구 용문시장과 같은 해 개업한 「창성옥」

지금이야 돼지 뼈를 주재료로 만든 감자탕 식당이 흔해졌지만, 서울식 해장국은 소뼈를 기본으로 했다. 서울에서 숱한 시간을 보낸 「청진옥」, 「어머니대성집」, 그리고 「창성옥」이 소뼈를 근간으로 한 해장국을 낸다는 것이 바로 그 증거다.

　‘서울식 해장국’은 소뼈 육수와 된장을 기본으로 하되 우거지와 선지를 넣는 것이 특징이다. 「청진옥」이 선지와 내장, 콩나물이 주재료인 반면, 「창성옥」은 선지와 소뼈, 배추속대와 파절임 양념장이 들어간다는 점에서는 약간 결이 다르다.

「창성옥」 메뉴판의 배추속대 그림

메뉴판을 보면 「창성옥」이라는 상호명 위에 '배추속대'를 묘사한 그림이 있는데, 실제 양념장을 섞지 않고 국물을 떠먹어 보면 확실히 '된장얼갈이 국' 느낌이 난다. 「창성옥」의 상징물을 배추속대로 한 것은 주인장께서도 여타 서울식 해장국과는 차별화되는 아이덴티티를 만들고자 한 것으로 추정한다.

된장 베이스의 묵직한 해장국

여타 서울식 해장국과 맛을 비교하자면 된장의 농도가 진해서인지 경쾌함은 덜했다. 국물을 입에 넣으면 속이 확 풀리는 시원함이라기보다 폭음과 구토로 비워진 속을 든든하게 채워 주는 느낌이 강했다. 실제로 밥 위에 계란프라이의 노른자를 터뜨리고 배추에 선지를 둘둘 말아 얹어 먹는 그

한 입이 이 식당 최고의 한 입이었다.

가게의 역사가 함축된 그림

이 한 장의 그림에는 가게의 모든 역사가 함축되어 있다. 이 식당의 개업 연도는 용문시장 개장 연도인 1948년으로 추정하고 있다. 식당을 창업한 노부부는 30여 년을 운영하고, 함께 일했던 직원에게 가게를 매매하는데 바로 그 직원이 「창성옥」의 2대 사장이다.

지금은 마흔을 넘긴 아드님께서 가게를 물려받아 운영 중인데 그림에서 고개를 빼꼼히 내밀고 쳐다보는 아이가 바로 3대 사장이다. 그리고 당시 2대 사장이셨던 어머니께서 연탄불로 계란프라이를 하고 계시는 풍경. 그야 말로 이 식당의 역사를 알아야 해석이 되는 그림이다.

돼지 뼈해장국이 외식업계에서 서민 음식으로 사랑받기 시작한 시기는 1970년부터이다. 돈암동에 위치한 「태조감자국」의 개업은 1958년이지만, 감자탕 단일 메뉴 식당으로 거듭난 시기 역시 1971년이라고 알고 있다. 급속도로 추진된 경제 부흥 정책은 육류의 소비를 진작시켰으나 소고기는 여전히 비쌌으니 서민을 중심으로 돼지고기 수요가 크게 늘 수밖에 없었다.

이러한 시대적 배경을 바탕으로 정부는 양돈 산업을 장려하였으며, 돈육 공급이 증가한 만큼 부산물을 활용한 요리가 발달하게 되었다. 마포 등지에서 돼지갈비가 유행했던 것이 1970년대, 삼겹살이 국민 음식으로 사랑받기 시작한 것이 불과 1980년대이다.

서울: 「부민옥」

서울에서 가장 오래된 음식 거리 중 하나가 바로 이 식당이 소재한 무교동, 다동 골목이다.

한국전쟁 후 사대문 안 중심으로 정치와 경제가 돌아가던 시기 국회의 사당은 현재 서울시의회(서울시청 길 건너) 건물이었고, 유수의 언론사와 금융기관이 무교동과 다동을 중심으로 포진해 있었으니, 경제가 산불처럼 융성하게 들고 일어나던 시기 이 동네는 대한민국 최고의 유흥가이자 먹자골목이었더랬다.

무교동 노포 먹자골목

1932년에 개업하여 서울식 추어탕을 내는 「용금옥」 리뷰에서 다뤘듯이 이 동네의 영화는 대단했었는데, 「남포면옥」과 「철철복집」, 「산불등심」, 「북어국집」 등 수십 년 된 노포들이 모여 여전히 왕성한 생명력을 유지하고 있다.

무교동 「부민옥」 전경

이 식당이 개업한 시기는 1953년 휴전한 한국전쟁의 어두운 그림자가 채 가시지 않았던 1956년이다. 못 먹고 못 입던 시절이었으니 악착같이 아껴야 했던, 이른바 경제 회복의 염원이 절실했던 시대이다.

난 당연히 상호가 부자(富) 백성(民) 집(屋)을 사용하여 시대적 염원을 반영했다고 생각했었는데, 메뉴판에서 '부산찜'이라는 음식을 발견하고 이 식당의 기원이 혹시 부산 서구에 위치한 '부민동'이 아닐까 하는 추측을 하게 되었다.

그도 그럴 것이 음식에 지명이 포함되어 있다는 것은 해당 지역의 특산물을 지역에서 먹던 방식으로 조리했음을 의미한다. 실제 나중에 자료를 찾아보니 큰 사장님(창업주의 안주인)께서 장사를 시작한 곳이 바로 부산이었다고 한다.

「부민옥」 양무침과 육개장

「부민옥」의 무적 메뉴는 양무침과 육개장이다. 소의 위장을 일컫는 '양'

은 잡내를 없애고, 내장 특유의 쫄깃함에 부드러운 식감을 더하는 것이 관건이다. 누구나 만들 수는 있되, 맛있게 조리하기는 어려운 부위이다.

이 집의 육개장은 맵칼한 대구식이 아니라 양지를 결대로 찢어 내고 대파를 뭉텅뭉텅 잘라 시원하게 끓인 서울식이다.

서울식 추어탕을 논할 때 인근의 「용금옥」이 빠지지 않듯, 서울식 육개장 이야기가 나오면 첫 번째로 언급되는 식당이 바로 「부민옥」이다.

푸짐한 양곰탕

필자가 오늘 경험한 음식은 양곰탕이다. 숙취를 해결하고자 들렀는데, 뽀얀 국물의 담백함을 즐기고자 양곰탕을 주문하였다.

냉면 그릇 크기에 설렁탕 느낌의 국물이 한가득, 위로는 쫑쫑 썰어 낸 대파가 한가득이다. 수저를 넣어 휘휘 돌려 보니 건져 올리는 수저마다 양 한두 점이 딸려 올 정도로 인심이 후하다.

양이라는 부위를 구이로도, 탕으로도 여러 번 접해 봤지만, 이 집의 양곰탕처럼 만족스러웠던 적은 없었다. 특제 간장에 찍어 우물거리면 몇 번 씹지도 않았는데 부드럽게 식도로 넘어간다.

🍴 추가잡설

노포의 가치가 재조명받은 지 불과 십여 년이 채 되지 않았다. 필자가 직장 생활을 시작한 2002년만 하더라도 식당이 방송 콘텐츠로 활발히 소개되던 시기도 아니었거니와 보수적인 시골 마을에선 아직 남자가 부엌에 들어가던 것이 터부시되던 시대다.

이제 노포는 추억을 반추하는 노익장들의 전용 공간이 아니라 방송을 보고 찾아온 젊은 세대가 함께 어우러지는 공간이다. 대부분의 노포가 '○○옥'이다 보니 그런 상호의 노포를 찾아다니는 2030 젊은이들을 우스갯소리로 '옥동자'라고 부른단다. 실제 식당에 가옥(옥) 자를 사용하는 것은 일본 문화의 영향이고 1960년 이전 개업한 식당이 대부분 이런 식으로 상호를 지었다.

을지로의 「우래옥(1946년)」, 「우래옥」의 이웃인 설렁탕 식당 「문화옥(1952년)」, 다동의 「용금옥(1932년)」, 종로구청 앞 「청진옥(1937년)」이 대표적 예이다.

서울: 「닭진미강원집」

한반도의 육식 문화는 우여곡절이 많았다. 불교를 국교로 삼았던 고려 왕조는 가축의 살생을 막기 위해 육식 금지령을 내렸으나, 언제나 금단은 욕망을 불러일으키기 마련인 법.

원(元)의 쿠빌라이 칸은 일본 정벌을 위해 부마국이었던 고려에 농우(農牛) 수천 두를 요구하게 된다. 이후 고려는 원나라의 일본 정벌을 위한 병참 기지 역할을 수행하며 몽골인들의 능숙한 도축법과 고기 요리법을 배우게 되니 오히려 온 백성이 소고기 맛에 매료되었다.

조선 시대 백성들의 삶을 그린 단원 김홍도의 풍속도

조선 초 식육에 의한 농우의 감소는 농업 국가였던 조선의 근간을 뒤흔들었고, 왕실은 우금령(牛禁令)으로 소를 보호해야 했다.

이러한 일련의 과정을 거치며 백성들에게 있어 먹기 가장 만만했던 가축은 닭이 될 수밖에 없었다. 소와 돼지는 인간과 먹을 것을 공유하지만, 산과 들의 벌레와 씨앗을 먹는 닭은 인간과 먹이를 두고 경쟁하지 않는 데다 신선한 계란을 제공해 주며, 짧은 기간 동안 크게 성장하니 식용 가축으로서의 모든 것을 갖추었다고 해도 과언이 아니다.

튀김이라는 조리법이 없던 시대의 백성들이 선택할 수 있는 조리 방식은 결국 굽거나, 찌거나, 끓이거나 세 가지로 압축된다. 그중 물을 부어 끓여 먹는 방식은 가장 간편하면서도 적은 양의 고기로 다수가 즐길 수 있으니 민간에서 가장 애용하던 조리법이었다.

삼계탕과 백숙(출처: 한식진흥원)

복달임 음식으로 가장 사랑받는 '삼계탕'의 시작은 백숙이다. 인삼과 함께 끓인 삼계탕은 우리 시대에 만들어진 음식인 데다 고가의 보양 식품인 삼(蔘)은 서민의 음식 재료로 사용하기에는 가격 장벽이 너무 높다. 백숙(白熟)은 고기나 생선 따위를 양념하지 않고 푹 삶아 익혀 낸 음식이라는 의미이다.

경제적으로 부유하고 권력에 가까울수록 미식(美食)을 추구한다는 것은 고금 불변의 진리이다. 풍미를 살리기 위한 가장 보편적인 방법은 각기 다른 식감과 맛을 내는 여러 식재료를 넣는 것이다. 그러나 조선 시대만 해도 저장과 보관 기술이 크게 발달하지 않았고 민간 백성들의 정지(부엌)에까지 맛을 내는 향신료가 널리 보급되진 않았을 테니, 결국 별다른 재료 없이 닭을 넣고 푹 고아 낸 '닭곰탕'은 '서민이 만들어 낸, 서민이 먹기 위한 음식'이라는 결론이 나온다.

재미있는 것은 당시 서민들이 즐겨 먹던 닭백숙은 조선 후기 들어 닭을 중탕하여 진하게 졸여 낸 계고(鷄膏)라는 요리가 되어 왕실의 약선 음식이 되었다는 것이다.

조선 최장수 왕인 영조

　조선의 최장수 왕인 영조는 무려 83세까지 살며 큰 병을 앓지도 않았고, 조선 왕들의 고질적인 유전병인 종기나 당뇨도 없었지만, 소화 장애로 크게 고생을 했다고 한다. 이에 영조는 소화 장애를 고치기 위해 '계고'를 즐겨 먹었는데, 조선 후기를 대표하는 실학자인 이익의 대표적 저작, 『성호사설』에는 비허증[지라(脾)가 허하여 먹은 것이 소화되지 않아 체력이 저하되는 증상]에 계고의 진액이 효과가 있다고 소개되었다.

서울 3대 닭곰탕 식당(위로부터 「닭진미강원집」, 「황평집」, 「호반집」)

돈은 흘러넘치고, 먹을 것 역시 풍족한 시대라 그런지 요즘은 닭곰탕집
보다는 삼계탕집을 만나기가 훨씬 쉬워졌다. 여기서 특기할 만한 공통점은

서울 3대 닭곰탕집이라 불리는 식당 모두 서민들의 생활 중심지였던 남대문과 을지로 인근에 자리했으며 부유하게 살지 못했던 시대에 개업한 노포라는 것이다.

1962년 개업한 「닭진미강원집」의 간판

이 중 필자가 방문한 곳은 남대문 시장에서 1962년에 개업한 「닭진미강원집」이다. 본디 「강원집」이라는 상호로 영업을 하다가 「닭진미집」으로 변경하였는데, 단골들의 팬덤이 워낙 크다 보니 옛 상호까지 뒤범벅이 되어 이제는 모두에게 「닭진미강원집」으로 불린다.

　식당 입구에서는 할머님께서 한소끔 식힌 닭을 손으로 잘게 찢고 계신
데, 식당 안으로 들어서면서부터 음식은 아직 입에 대지도 않았건만 "맛있
다!"라는 평가를 절로 내리게 한다.

「닭진미강원집」의 고기 백반 한 상 차림

　양은 냄비 한가득 닭고기가 담겨 나오는 닭곰탕도 매력 있지만, 반주 한 잔 겸한 자리라면 고기 백반을 추천한다. 국물과 닭고기가 따로 나오는데 심심하고 깔끔한 육수도 일품이지만 직접 손으로 잘게 찢은 쫄깃한 식감의 닭고기는 식사로도, 술안주로도 별미이다.

서울: 「유진식당」

오랑캐를 오랑캐로 제압하는 계책을 '이이제이(以夷制夷)'라 한다. 미식의
세계에서도 이러한 논리는 그대로 적용되어 더운 여름에는 삼계탕을 먹어
열을 다스리고, 추운 겨울에는 차가운 냉면으로 추위를 달래기도 한다. 그
야말로 이열치열(以熱治熱)이요, 이냉치냉(以冷治冷)이다.

이냉치냉의 대표 격인 '냉면'은 사실 겨울에 가장 맛이 있을 수밖에 없는
음식이다. 면의 주재료인 메밀은 늦가을에 수확하는 작물이고, 육수로 사
용하는 동치미는 단맛이 도는 가을 이후나 월동 무를 사용했을 때 제대로
맛이 난다.

또 육수를 낼 때 사용하는 꿩고기는 겨울 농한기쯤이 축적된 지방 때문
에 맛있는 시기이다. 심지어 냉장 기술이 없던 시대, 차가운 요리는 당연히
겨울에 만들기 용이했을 터이니 냉면은 겨울 제철 음식이라 해도 무방하
다.

　탑골 공원 뒤쪽 골목에 자리 잡은 이 식당은 1968년 함경도 출신의 문용 춘 옹께서 개업하여 현재 2대째 반백 년 넘게 운영 중인 노포이다. 개업 당 시 식당 최초 메뉴는 창업주의 고향 음식인 아바이순대와 국밥으로 알고 있 는데, 이후 설렁탕과 평양냉면, 녹두지짐이와 돼지국밥 등으로 재편되었다.

　평냉부심, 면스플레인, 면심보감이라는 단어가 생길 정도로 오늘날 '평 양냉면'은 대표적인 '덕후 음식' 중 하나인데, 특기할 만한 사항은 평양냉 면이 단독 주연이 아닌 식당은 뛰어난 퀄리티라고 할지라도 시장에서 외면 받는 경향이 있다는 점이다.

　서울에서 평양냉면 노포 성지로 사랑받는 「우래옥」보다 오히려 먼저 평양냉면을 선보인 「조선옥」도 소갈비가 메인이니 평냉 덕후들에게 후한 점수를 받지 못하고 있고, 서울 미래 유산으로까지 선정된 「유진식당」 역시 출발선이 냉면이 아닌 순대와 국밥이니 역시 인지도에서 떨어진다.

필자가 주문한 메뉴는 물냉면과 녹두지짐이다. 내 기준으로 장충동 「평양면옥」이 소가 쳐다본 듯한 극도의 슴슴함이라면 을지로 「우래옥」은 그래도 육수의 진함이 소가 반신욕 정도는 했다고 할 수 있다. 그래서 대부분 평양냉면 입문자들의 첫 경험이 「우래옥」에서 이루어지는데, 오늘 만난 이 식당은 소가 반신욕을 하다가 세수까지 한 듯한 감칠맛 나는 육수가 아주 제법이다.

진한 육수와 면의 메밀 향 조화가 아주 괜찮았는데 툭툭 끊어질 정도는 아니었지만, 제법 함량이 되는지 입 속에서 감도는 메밀 향과 제대로 삶아 낸 수육, 슬라이스 무와 오이까지 각 재료들의 오케스트라가 꽤 준수했다.

녹두지짐이는 투박하게 갈아 낸 녹두에 김치와 고사리, 돼지고기를 넣고 돼지비계 기름에 두껍게 튀겨 냈는데 겉바속촉의 조화가 아주 훌륭했다.

회사 지근거리에 내가 모르는 평양냉면 식당이 있다고 하여 호기심에 방문했는데, 음식을 경험하고 나올 땐 냉면 한 그릇이 뭐 대수라고 고된 하루가 보상받은 느낌까지 들 정도였다.

서울:「사랑방칼국수」

　종로 피맛골이 사라지고, 인사동과 삼청동의 젠트리피케이션이 심화된
지금 노포의 명맥이 그나마 온전히 유지되고 있는 곳 중 하나가 충무로이
다. 명동과 필동, 광희동을 관통하는 길로 특히 충무로 1·2가는 배수가 되
지 않는 질척한 길이라 '진고개'라 불렸었다. 오죽하면 남산골 가난한 선비
들이 질척한 길을 다니느라 나막신을 신어야 했다고 해서 '남산골 딸깍발
이'라는 표현까지 나왔을까.

통감부 건물과 충무공 이순신 장군(남해 이순신 순국 공원)

한반도를 침탈한 일제는 이 지역에 공사관(이후 이 지역에 조선 병탄 목적의 통감부가 세워지고, 공사관은 통감관저로 활용된다)과 일본인 집단 거주촌을 만드는데, 광복 이후 이 거리에서 왜색을 걷어 내고자 임진왜란에서 일본을 물리친, 그리고 이 근방(현재의 중구 인현동)에서 태어나신 이순신 장군의 시호를 따 '충무로'라고 명명하였다.

아카데미 시상식에서 충무로를 언급한 한진원 작가(출처: JTBC)

봉준호 감독이 메가폰을 잡은 영화, 「기생충」이 아카데미 시상식에서 각본상, 작품상 등 4관왕의 기염을 토하며 새삼 한국 영화의 위상과 함께 재조명받고 있는 곳이 바로 이곳 '충무로'다.

1907년 민족자본으로 설립한 「단성사」 전경(출처: 국가기록원)

 과거 충무로는 「단성사」, 「국도극장」, 「스카라극장」, 「명보극장」이 자리
했던 영화 산업의 중심지이자 영화배우들의 단골집이 즐비했던 핫 플레이
스였다. 영화가 발달하니 배우들의 사진을 찍고 현상하던 현상소와 영화
홍보 전단을 만들던 인쇄소가 충무로 일대에서 성황을 누렸던 것은 일종의
낙수 효과라 할 수 있다.

둘. 나만 알고 싶은 '노포' 이야기

1980년대 인산인해를 이뤘던 「피카디리극장」

주말에는 암표 장사가 횡행했을 만큼 인기였던 충무로 극장은 2000년
대 들어 멀티플렉스의 등장으로 급격히 시들었고, 컴퓨터의 발달과 프린터
의 대중화로 인쇄업은 쇠락하여 서울에서 가장 번성했던 거리 중 하나인
충무로는 그렇게 스러져 갔다.

과거 찬란했던 영화 거리는 이제 다시 돌아오지 않을 테지만, 그 와중에
살아남은 가게는 자연스레 세월을 먹으며 여전히 변하지 않는 손맛과 푸짐
한 인심으로 직장인들의 허기를 채워 주고 있다.

직장인의 고단한 하루를 충전해 줄 음식으로 고기가 가득 들어간 뜨끈
뜨끈한 국물만 한 것이 또 있을까? 고기로 낸 국물 중 영혼까지 어루만져
주는 닭고기의 감칠맛을 이길 만한 식재료가 또 있을까?

「사랑방칼국수」 식당 전경

　이 조건에 완벽히 부합되는 음식이 바로 1968년 개업한 「사랑방칼국수」의 '백숙백반'이다.

　상호에서도 알 수 있듯 초창기 이 집의 대표 메뉴는 칼국수였다. 식당이 영업을 시작한 1960년대 후반은 베이비 붐으로 인구는 크게 증가하고, 쌀 생산량은 부족하여 정부가 '혼분식'을 장려를 넘어 '강제'하던 시기이다.

1970년대 쌀밥 대신 국수 소비를 권장하는 내용의 광고 포스터

지금이야 '세상에 이런 일이' 수준의 이야기지만, 실제 1969년부터 1977년까지 매주 수요일과 토요일은 무미일(無米日)로 정하여 쌀로 만든 음식은 판매할 수 없었고, 쌀의 소비를 줄이고자 밥공기를 작은 크기로 규격화했었다. 상황이 이러하니 당시 유행했었던 음식이 미국의 원조로 값싸게 재료를 손쉽게 구할 수 있었던 밀가루 음식인 '칼국수'와 '수제비'였다.

「사랑방칼국수」의 백숙백반 한 상 차림

　벼의 품종 개량으로 쌀 생산량이 확대되고, 라면과 식빵과 같은 분식이
식생활의 주류를 차지하게 되자 1980년대부터 정부 주도의 혼분식 장려
운동 역시 사라졌는데, 이즈음 「사랑방칼국수」 식당 또한 메뉴를 개편하게
되니 하얀 쌀밥과 먹을 수 있는 '백숙백반'이다. 50여 년을 훌쩍 넘었다고
는 하지만 허름한 외관의 식당 하나가 정부 정책의 시대적 변화와 동네의
역사를 모두 품고 있다니 놀라운 일이다.

닭고기를 잘게 찢어 국물에 넣으면 닭곰탕으로 변신한다

　백숙백반을 주문하면 백숙 반 마리와 양은 냄비에 담아낸 닭고기 국물, 공깃밥이 상에 오른다. 은은한 마늘 향이 맡아지는 국물에 밥 한술 말아 뜨는 순간 고단했던 하루는 사르르 풀리고, 맨손으로 뜯어내는 닭다리살은 허기짐을 단번에 메워 준다.

동두천: 「56HOUSE」

미군 부대가 주둔 중인 경기 북부의 동두천시는 다민족 국가인 미국의 다양한 식문화와 한국 전통의 식문화가 결합하여 다양성과 개방성이 넘쳐 나는 곳이다. 한때 미군 부대에 공여되었던 부지의 면적이 동두천시의 42%에 달했었는데 이 공여지의 중심이 되었던 곳이 바로 현재 동두천 외국인 관광특구로도 불리는 보산동 일대이다.

보산동 일원에 형성된 구도심 상권은 미군 제2보병사단이 동두천시에 주둔하며 생겨났다. 동두천에 거주하던 미군 장병들의 지역 내 소비가 증가하며 이들을 대상으로 한 상가들이 자연스레 우후죽순 늘어났으나 2004년 미군 병력의 50%가 철수하고, 최근 미군 기지가 평택으로 이전하며 한때 동두천시에 거주하던 2만여 명에 가까웠던 미군 병력은 이제는 수천 명 수준으로 감소하였다.

개점휴업 상태로 쇠락해 버린 동두천 보산동 일대 상권

　지역 경제 소비의 주축이던 미군이 감소하자 보산동 상권의 업소 대부분이 개점휴업 상태로 겨우 명맥을 이어 가고 있던 와중 1호선 보산역 교각 아래 화려한 그라피티 작업과 세계 음식 거리 조성을 통해 도심 기능의 쇠퇴를 막고자 동두천시가 의욕적으로 추진한 프로젝트가 바로 'Camp Bosan'이다.

Camp Bosan의 화려한 그라피티 벽화

서인국 배우가 주연한 KBS 드라마, 「미남당」의 1회차 오프닝이 바로 이 곳에서 촬영되었다.

반세기 경양식당, 「56HOUSE」

보산역을 기준으로 월드 푸드 스트리트를 지나 끄트머리에 이르면 「56HOUSE」라는 간판을 걸고 2대째 반세기 넘게 성업 중인 경양식당을 만날 수 있다.

미8군 제2사단 케이시 캠프 내 식당에서 근무하던 「56HOUSE」의 1대 창업주가 부대를 나와 식당을 창업한 시기가 1969년이다. 한국전쟁의 상흔이 채 가시지 않았기에 가족 생계에 대한 가장의 책임감이 지금보다 훨씬 무거웠던 시절이다. 그래서 그런지 1대 창업주는 '오씨네 6가족의 집'이란 의미를 담아 「56HOUSE」로 상호를 정했다고 한다.

식사 주문 시 제공되는 Full Course 식단

이 식당을 언급함에 있어 배놓지 않고 언급되는 부분이 바로 식사 메뉴를 주문하면 샐러드와 마늘빵, 고소한 양송이수프와 스파게티까지 모두 제공되는 'Full Course' 식단이다.

에그치즈햄버거 패티보다 3배 큰 '킹버거'

그러나 오히려 음식 문화사를 좇아 다니는 이들이 더 귀하게 여기는 메뉴는 다름 아닌 이 집의 '햄버거'이다.

지금이야 프랜차이즈 버거의 종류도 다양해진 데다 골목마다 자리 잡아 어렵지 않게 햄버거를 먹을 수 있다지만 국내 프랜차이즈 버거의 시초는 1979년 롯데가 서울 중구 소공동에 「롯데리아」를 개점하면서부터다.

국내에 햄버거라는 음식이 최초로 등장한 공간적 무대는 미군을 대상으로 한 부대 내 식당인데, 「56HOUSE」의 창업주가 미군 부대 밖 일반 한국인도 경험할 수 있도록 프랜차이즈 버거보다 무려 10년이나 빨리 1969년 개업한 식당에서 메뉴를 선보였으니 이는 분명 맛과 음식과 식당의 의의를 동시에 찾아다니는 미식가들이 가치 있는 경험을 할 수 있는 레스토랑이라 생각한다.

「56HOUSE」의 인기 메뉴, 킹버거의 단면

프랜차이즈 버거뿐 아니라 세계적으로 유명한 셰프의 햄버거까지 두루 경험할 수 있는 시대이다 보니 삼립에서 만든 햄버거 번과 투박한 패티가 대단한 맛은 아닐 수 있겠으나, 경양식당이 부흥했던 1980년대 초중반 시대를 살아왔던 이들에겐 빵과 빵 사이 굵직한 소고기 패티와 양상추, 계란 프라이와 토마토, 치즈 등이 들어간 당시의 햄버거는 놀라운 식문화 경험이었을 게다.

화려한 플레이팅의 「56HOUSE」 정식

스파게티까지 식전 메뉴로 제공되는 데다 함박과 돈가스, 생선가스와 새우구이가 제공되는 정식에 담긴 정성도 훌륭하다. 분식집 돈가스는 연육

과정을 거치며 돈육 등심을 너무 심하게 펴 대 고기는 얇고 튀김 반죽과 빵가루는 과한 경우가 많은데 이 집의 돈가스는 고기의 존재감이 확실하다.

하지만 식당의 경양식 대표 선수들이 다 올라온 접시의 음식 중 가장 훌륭했던 것은 '생선가스'였다. 대구가 아닌 동태를 사용하여 식감이 단단하여 씹는 맛이 좋고 직접 만들었다는 타르타르소스와의 어우러짐도 브라운소스와 돈가스보다 한 수 위라는 것이 필자의 주관적 평가다.

서울: 「원대구탕」

삼각지는 서울역-한강-이태원으로 통하는 세 갈래 길이자 국방부가 자리 잡은 곳이다.

1966년 한국 최초의 고가도로 로터리(삼각지)

한때 강북 교통의 요충지로 유동 인구가 많았던 데다 군인이라는 고정 고객층이 있으니 삼각지 뒷골목은 세월을 이겨 낸 노포가 꽤 여럿 자리 잡고 있다.

서울에는 동일 메뉴를 다루는 음식점들이 몰려 먹거리 골목을 이룬 곳들이 있으니 용두동 주꾸미 골목, 종로3가 보쌈 골목, 동대문 생선구이 골목 등이 그렇다. 삼각지에도 1980년을 전후해 대구탕 식당이 운집하며 이름하여 '삼각지 대구탕 골목'이 형성되었다.

양념장이 풀어지기 전 수북한 대구탕

주문은 인원수대로 들어가며 대구 머리와 몸통 살, 내장을 섞어 요청할 수 있는데, 세월을 머금은 스테인리스 냄비에 무와 콩나물, 미나리와 대구가 듬뿍 담겨 제공된다.

생선 매운탕은 센 화력으로 일정 시간 화르륵 끓여 내야 잡내 없이 깊은 맛이 나기 마련인데, 부르스타(휴대용 가스버너)가 아닌 가스 연결 밸브로 화력을 조절하는 그 옛날의 화구를 사용한다.

대구는 살은 많은데 지방 함량이 적고 맛이 담백하여 호불호가 거의 없는 생선이다. 거기에 이리와 곤이가 깊은 맛을 더해 주고, 콩나물과 미나리가 시원한 맛을 내 주니 이 집은 항상 문전성시를 이룰 수밖에 없다.

대구아가미젓갈김치와 볶음밥

　이 집을 제대로 즐기는 팁은 밀가루로 만든 수제비나 우동 사리 등을 넣어 맛을 흐리기보다는 본연의 탕으로 먹은 후 반드시 '볶음밥'을 주문하는 것이다. 미나리 줄기를 쫑쫑 썰어 넣은 양념에 특유의 '대구아가미젓갈김치'를 넣고 볶아 내는데, 소주 한 병은 거뜬히 비워 낼 수 있을 만큼 맛깔스럽다.

서울:「신세계떡볶이」

명동 어느 건물 주차장 입구에 자리한 「신세계떡볶이」

 이곳은 「생활의 달인」 프로그램에서 소개된 분식집으로, 우리나라에서
가장 비싼 명동 땅에서 2대째 반백 년을 이어 왔다고 하니 호기심이 동하
지 않을 수 없었다. 더군다나 최근 들어 잦은 강우로 토마토 수급이 어려워
「롯데리아」에서도 햄버거에 넣지 못하는 재료를 달인 비법으로 소개했으
니 궁금증은 늘어만 갔다.

떡볶이 외길 인생 반백 년의 양념 소스

방송에 소개된 달인 비법은 토마토와 마늘, 파와 들깻가루로 만든 숙성 양념장이다. 상당히 손이 많이 가는, 그리고 원가가 높아 보이는 비법이 PD와 방송 작가가 만들어 낸 허세인지 실제 달인의 독문 절기인지는 모르겠으나, 음식에 담긴 진심만큼은 진실해 보였다.

결국, 중요한 것은 비법 자체가 아니라 비법을 통해 발현된 '음식의 맛'이다. 다들 뭔가 있어 보이는 특이한 레시피를 찾지만 내가 중요하게 생각하는 것은 레시피를 개발하고 숙달될 때까지 숙련한 마음가짐이다.

방송에 나온 토마토의 맛까지는 미처 잡아내지 못하였으나 텁텁하지 않고 깔끔하면서도 깊게 매운 것이 마늘과 고춧가루를 메인 재료로 한 숙성 양념장을 사용하는 것은 의심의 여지가 없었다.

일반 포장마차에서 떡볶이 맛을 내는 요소는 대량의 물엿과 어묵 국물 인데 이 집은 늘 맛보던 흔하디흔한 그런 감칠맛과는 결이 달랐다.

먹다 보니 흥미로운 점이 보였다. 일반 포장마차 떡볶이는 양념을 넣고 졸여지는 과정을 거치다 보니 서빙되는 떡볶이 온도가 다소 높아 매운맛이 들쑥날쑥한데 이 집은 아무 거리낌 없이 입에 넣고 쌀떡의 식감을 즐길 수 있을 정도이다.

회전율이 낮으면 떡볶이도 어묵도 퍼져 흐물흐물해질 수밖에 없는데 유동 인구가 많은 명동 상권이라 그런지 모두 식감이 기분 좋게 쫄깃한 것이 5천 원짜리 길거리 음식이란 생각이 전혀 들지 않았다.

그러고 보니 상호도 기가 막히다. 원래는 신세계백화점 본점 근처 포장마차에서 장사를 하시다가 십여 년 전 현재 자리(하동관 골목)로 옮기셨다는데, 아마 신세계백화점 떡볶이집이라는 의미를 담으신 듯하다.

그렇게 주인장은 반백 년을 떡볶이 외길 인생을 걸으셨고, 지금은 중년의 따님과 함께하시니 맛도 당연히 신세계일 수밖에.

떡을 다 먹고 접시 한가득 남은 양념이 아까워 어묵을 찍어 먹어 봤더니 이것도 가히 신세계였다.

26 'Since 1977', 고기 인심 가득한 설렁탕 노포

서울: 「이남장」

조선 시대에는 변변한 도로가 없다 보니, 정비 또한 제대로 되지 않은 진흙 길이 대부분이었다. 그래서 멀리서 보면 구릿빛이라 하여 '구리개'라 불렸던 곳이 있는데, 바로 지금의 중구 소공동으로부터 신당동까지 이어지는 '을지로'다.

당시 황금정통 거리(출처: 역사문제연구소)

일제강점기 당시 덕수궁 대한문 광장부터 구리개를 지나 광희문에 이르는 신작로를 만들고 '황금정통'이라 이름했다. 길이 좋아지면 사람의 왕래가 늘어나고, 사람의 왕래가 늘어나면 상권이 발달하기 마련이다. 당시 사대문 안 종로에 몰려 있던 상점들이 을지로로 이전하며 지금의 명동까지 이어지는 상권 형성의 초석이 되었다.

을지문덕 장군 표준영정

해방 이후 일본식 동명 정리 사업에 따라 고구려의 명장인 '을지문덕'의 성을 따 을지로가 되었는데, 여기에는 재미있는 이야기가 숨겨져 있다.

한국 화교는 1882년 임오군란을 진압하기 위해 조선에 들어온 청나라 군인들과 상인을 시작으로 본다. 당시 청나라 장수 오장경의 군대가 주둔한 곳 중 하나가 바로 지금의 명동 중국 대사관 자리이다.

훗날 중화 제국 황제에 오른 원세개(위안스카이)

또한, 후에 중화 제국의 황제까지 오르는 원세개가 십여 년간 머물며 조선의 국사를 쥐락펴락했던 곳 역시 이곳이다. 고향을 떠나 타지에서 살아가는 사람들의 공통점은 동서고금을 막론하고 동향 사람끼리 뭉쳐 산다는 것이다. 그리하여 황금정통 인근 지역은 중국인 집단 거주촌이 되었는데, 이들의 기를 누르고자 수나라 양제의 백만 대군을 물리친 고구려 살수대첩의 영웅, 을지문덕의 성을 따온 것이다.

1970년대 세운상가 모습

    거리의 이름을 잘 지은 덕분인지 을지로는 대한민국 경제 개발 시기에 각종 기계 공구, 건축 자재, 인쇄와 제지 등 제조업의 중심지로 혁혁한 공을 세우게 된다. 특히나 을지로 세운상가는 한때 이 건물을 털면 탱크와 인공위성까지 만들 수 있다는 말이 나올 정도로 상징적인 장소가 되었다.

　1970년대 개발 시대 최고로 돈이 넘쳐흘렀다던 을지로 안쪽 골목에 자리한 「이남장」은 1977년 개업하여 반백 년을 목전에 둔 노포이다. 워낙 이 거리에 치이는 것이 노포라 그런지 깨끗하게 잘 정돈된 업장을 보고 있노라면 팔순 노인분들 자리한 양로원에 앉아 있는 젊은 칠순이 된 느낌이다.

　한우 양지, 우설, 도가니와 사골을 넣어 꼬박 이틀을 끓여 낸 이 집의 설렁탕은 단순히 "깊다, 또는 진하다."라고 표현하면 왠지 죄짓는 기분이 들 만큼 "찐하다". 특히나 찬 바람 불기 시작하는 가을께 이 집의 설렁탕 한 그릇을 들이켜면 독감 예방주사를 맞는 기분까지 든다.

　가벼운 점심으로 방문했다면 보통으로 충분하지만, 반주 한잔 겸한 방문이라면 꼭 설렁탕(特)을 추천한다. 다른 국밥 식당처럼 고기가 좀 더 들어간 정도가 아니라 고기가 통째로 들어가 있어 고기 자르는 용도의 가위와 집게를 따로 주신다. 이 한 그릇이면 아무리 고단했던 하루도 사르르 녹아 내려 간다.

서울: 「북성해장국」

팬텍 베가아이언 CF(上)와 '단언컨대'를 패러디한 왕뚜껑 CF(下)

한때 피처폰 시장을 삼성, LG와 함께 어깨를 견주며 3강 구도를 만들어
냈던 '팬텍'이라는 회사가 있었더랬다. 스마트폰으로의 혁신적인 변화를
따라가지 못해 아쉽게도 생태계에서 사라져 버렸지만, 2013년 팬텍이 출
시한 '베가아이언'이라는 제품의 CF에서 배우 이병헌이 "단언컨대 메탈은
가장 완벽한 물질입니다."라고 했던 광고 카피는 두고두고 패러디로 재생
산될 정도로 인기가 많았다.

퇴근 후, 버스를 타고 달려가 만난 노포 해장국집에서 국물 한술 뜨는 순간 기억 서랍 안쪽 구석에 처박혀 있던 '단언컨대, 가장 완벽한 해장국'이라는 표현이 떠올랐다.

1978년 개업한 2대 노포, 「북성해장국」 식당

분명 상호를 「북성해장국」이라고 알고 갔건만, 간판에는 「북성 곰탕 그리고 해장국」이라고 표기되어 있는 것으로 미루어 보아 해장국 역시 소뼈를 고아 낸 곰탕 베이스의 음식이라는 것을 알 수 있었다. 지금이야 돼지 등뼈를 이용한 감자탕 해장국 식당이 흔해졌지만, 앞서 설명했듯 '서울식 해장국'은 소뼈와 우거지, 선지를 기반으로 만들어진다.

곰탕 베이스의 뽀얀 국물 해장국

이 집의 해장국이 여타 식당과 다른 점은 대부분 소뼈의 잡내를 감추기 위해 된장을 풀어내는 데 반해, 신선한 재료의 공수와 나름의 고유 비법이 있는 것인지 뽀얀 맑은 곰탕을 베이스로 제공된다는 것이다.

오랜 전통의 명가 식당이 모두 그러하듯 음식에 장난을 치지 않고, 고유 비법 그대로 묵묵히 음식을 만들어 내는 정성이 불과 몇 수저 뜨지 않고서도 그대로 느껴졌다. 해장국 식당이 속을 풀기 위해 왔다가 반주 겸 한잔 더하는 경우가 태반인데, 이 집은 필자가 아는 한 '술을 판매하지 않는 유일한 해장국 식당'이다.

다만, 아쉬워하는 손님을 위해 직접 술을 사 와 먹는 것은 테이블당 한

병까지 허용된다. 해장국집에서 당연히 팔아야 할 마진 높은 상품인 소주를 콜키지 프리 형태로 운영하는 것이 신기하여 홀을 담당하는 사장님께 여쭤보니 이는 1978년 장모님께서 개업할 당시부터 지켜져 내려온 전통이라 하신다.

필자는 해장국(特)을 주문했는데, 재미있는 것은 선지가 탕 그릇이 아닌 별도 접시에 제공된다는 것이다. 선지를 좋아하지 않는 고객을 위해 별도로 제공된다고 알려져 있지만, 난 오히려 뭉근하게 제대로 끓여 낸 선지 본연의 신선함을 맛보라는 주인장의 의도가 담겨 있지 않을까 생각한다.

실제 국밥 한 그릇에 들어간 정성과 맛에 비해 언론의 주목을 받지 못한 이 식당의 선지의 신선함과 탱글함은 유수 언론 매체에 소개된 유명 식당들과 자웅을 겨뤄도 전혀 손색이 없다.

뭉근하게 끓여 낸 「북성해장국」의 선지

　같은 식재료라도 어떻게 다루느냐에 따라 맛은 천차만별이다. 이 집의 선지를 보면 표면이 매끈한데 이는 조리 과정에서 뭉근한 불로 조리했다는 것을 의미한다. 실제로 확 끓어오른 상태에서 선지를 넣으면 표면이 현무암처럼 기포가 생기고 맛도 푸석해진다.

술을 판매하지 않는, 그리고 선지를 별도 그릇에 내어주는 이 독특한 식당의 세 번째 차별성은 바로 '청양고추지'이다. 대부분의 국밥집 다진 양념은 고춧가루를 기반으로 만들지만, 이 집은 청양고추를 2백여 일을 절여 직접 만드신다는데 국물에 풀어 먹어도, 또 선지와 곁들여 먹어도 깔끔하게 올라오는 매운 감칠맛이 마치 마약과도 같은 중독성을 안겨 준다.

🍴 추가잡설

시중 식당의 선짓국밥 뚝배기에 십중팔구 들어가는 것이 바로 '우거지'이다. 동물의 피를 응혈시켜 만든 선지에는 철분이 다량 함유되어 건강에는 좋지만, 특유의 향과 푸석한 맛이 있어 조리가 쉽지 않은 식재료이다. 해장국에서의 우거지는 바로 그 선지 특유의 맛을 중화시켜 주고 사골의 느끼함을 잡아 줘 시원하고 개운한 맛을 이끌어 내는 '일등 공신'이라 할 수 있다.

28 'Since 1980', 두유 노우 불고기?

서울: 「보건옥」

한국 전통 소스인 간장을 베이스로 하면서 호불호 없는 달달한 맛을 지
녔기에 한식 문화 선봉장으로 자리 잡은 불고기가 오늘날에는 의외로 '분
식집 돈가스에 밀려나 버린 경양식 돈가스'와 비슷한 길을 걷고 있다. 불고
기는 1980년대 말 마이카(My Car) 문화와 함께 등장한 도심 근교에 자리 잡
은 가든 식당의 등장으로 황금기를 맞이하였으나 축산업의 발달로 원육이
급격히 좋아지며 현재 우리 식탁 위 고기 문화는 이른바 '로스구이'가 지배
하게 되었다.

분식집과 평양냉면 식당의 불고기

아이러니하게도 가장 대중적으로 소비되었어야 할 '불고기'의 적은 다름 아닌 '불고기' 자체였다. 그 적은 누구나 익히 예상했듯 과도한 감칠맛의 분식집 뚝배기 불고기(7천 원 안팎)와 일상식으로 먹기엔 과도한 금액의 노포 냉면집 불고기(3만 원 이상)이다. 너무 싼 맛이거나, 아니면 과도한 비용이거나 완충지대 없이 둘 중 하나인 데다가 두 경우 모두 불고기는 주연을 빛내 주는 조연 역할이다 보니 주변에서 불고기를 전문으로 하는 식당은 「한일관」을 제외하고는 언뜻 떠오르지 않는다.

음식에 관해 관심이 있는 이라면 불고기의 원조를 고구려 시대 맥적으로 알고 있지만, 실상 맥적은 맥족(고대 백두산 일대 지역에 거주한 종족)의 '직화

통구이' 음식이다. 맥적이 문헌상 한반도 지역의 직화(直火)로 구워 낸 육류 음식으로는 가장 오래되었기에 불고기의 원조로 인식될 뿐 '얇게 저며 낸 고기를 양념하여 구워 낸 불고기'와는 고기의 손질 방식 등이 달라 아직도 역사학자와 푸드 인문학자의 논쟁거리로 남아 있다.

꼬치에 구워 낸 설하멱적(tvN「식스센스 2」)과 석쇠로 구운 언양식 불고기

오히려 불고기의 직계로 따지자면 소고기를 넓게 저며 양념하여 구워 낸 '너비아니'가 가깝고, 그 이전엔 기름 양념장에 재운 소고기를 대나무 꼬챙이에 꿰어 약한 불에 굽다가 냉수에 침잠시켜 다시 구워 내기를 세 번 반복하는 '설하멱'이 있다.

이렇게 고대 한반도의 불고기는 꼬치구이 형태로 이어지다가 1800년대부터 석쇠가 등장하며 현재 언양식 불고기의 모습으로 완성된다.

「보건옥」의 신판(上: 오목한 전골팬)과 구판(下: 하이브리드 방식)

재미있는 부분은 뚝배기 불고기라는 메뉴의 등장으로 우리에게 익숙해져 버린 육수 불고기는 '서울식'이라 불리는데, 서울식 불고기라 통칭하는 조리 방식에도 오목한 판에 끓여 내는 '전골' 방식과 고기를 구워 내는 중앙 부분은 솟아 있고, 가장자리에는 당면과 채소를 양념 국물에 조릴 수 있는 '하이브리드' 방식의 두 가지로 구분된다는 것이다.

서울식 육수 불고기는 한국전쟁 이후 등장하여 역사가 그리 길지 않다. 직화로 구워 낸 석쇠구이 불고기는 질 좋은 등급의 소고기를 사용해야 했던 반면, 물자가 여러모로 부족했던 전후(戰後) 등장한 서울식 불고기는 비교적 열위 등급 소고기로도 양념 육수를 통해 맛을 극복할 수 있었고, 또한 당면과 채소 등으로 양을 불리는 한국식 탕반 문화의 지혜가 들어 있다.

을지로4가역 인근 골목의 「보건옥」

노포로 힙하다 하여 최근 '힙지로'라는 이름으로 많이 불리는 을지로의 좁은 골목에 자리 잡은 「보건옥」은 서울식 불고기를 맛볼 수 있는 몇 안 남은 전문 식당이자 전골판과 하이브리드판 두 가지를 모두 경험할 수 있는 40여 년 업력의 노포이다.

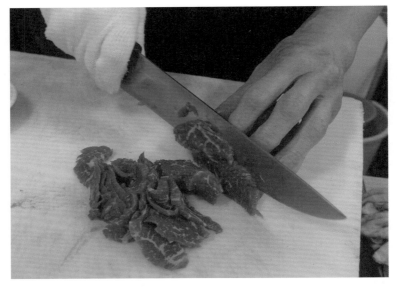

바로 썰어 주시는 육사시미

우선 이 집에서 주문한 것은 '육사시미'이다. 소 잡는 날이 따로 있는지 벽면에 '금일 육사시미 있음'이라는 안내판이 재미있다. 주문과 동시에 정육고에서 고기를 꺼내 바로 칼질을 해 주시는데, 고기가 신선해서 대구의 뭉티기처럼 접시를 엎어도 고기가 떨어지지 않는다.

옛날 방식으로 주물럭 양념을 한 등심

　다음으로 주문한 등심도 흥미롭다. 등심 로스구이처럼 생고기로 받든지, 간장·다진 마늘·참기름 등으로 양념한 주물럭으로 받든지 선택할 수 있다. 이 식당을 방문한 목적 자체가 옛 방식의 소고기 문화 체험이었기 때문에 1950년대 후반 마포에서 시작되었다는 '주물럭'으로 받았는데 최소화로 무쳐 낸 양념은 고기의 감칠맛을 더해 주고, 육향과 식감은 고기의 존재감을 드러내 주는 그 옛날의 향수 어린 맛이니 술이 술술 넘어간다.

뽀얀 곰탕 국물이 담긴 불고기 불판과 버섯과 양파 등으로 양을 불린
「보건옥」의 서울식 불고기

이 식당의 화룡점정은 불고기이다. 당연히 '옛날 불판'으로 주문했는데, 간장을 베이스로 하되 설탕의 사용은 최소화했고, 육수는 사골과 양지로 우려낸 뽀얀 곰탕 국물이었다. 곰탕 국물을 육수로 사용하는 불고기는 처음 경험해 봤는데 처음에는 은은했던 맛이 간장 양념과 함께 깊이 졸아들며 맛도 한층 조화로워진다.

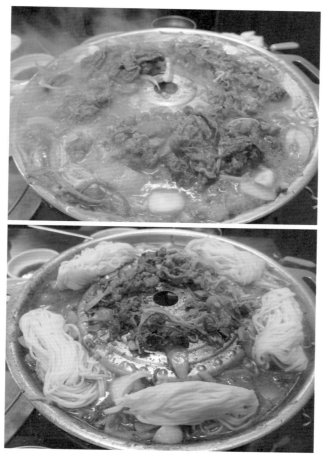
옛날 불판으로 구워 낸 불고기와 소면 사리

　마무리로 소면 사리를 청하여 졸아든 육수에 말아 먹는 것도 별미이다.
불고기가 대중적인 사랑을 받은 이유도, 대중의 관심이 줄어든 이유도 천
편일률적인 뻔한 맛과 자극적인 양념 때문인데 이 집의 불고기는 그 두 가
지가 모두 배제되어 있었다.

29 'Since 1983', 한국 최초의 일본식 돈가스 전문점

서울: 「명동돈가스」

육고기를 빵가루에 묻혀 튀겨 낸 음식의 기원은 정제 버터에 지져 낸 이탈리아 밀라노의 '코톨레타'로 본다. 이 음식은 18세기경 오스트리아 빈으로 넘어가 '슈니첼'이라는 이름으로 대중적인 사랑을 받게 된다.

우리가 돈가스 혹은 커틀릿이라 부르는 음식의 고향은 어쨌든 유럽이라 할 수 있는데, 우리나라에는 한국전쟁 이후 1960년대 주한 미군에 의해 넘어왔다가 86 아시안 게임과 88 올림픽을 앞두고 서양식의 폭발적인 인기에 힘입어 외식의 인기 메뉴로 자리하게 된다.

1983년 이후 명동을 굳건히 지키고 있는 「명동돈가스」

이렇게 우리나라에 전해진 돈가스는 '호적상'으로는 경양식으로 불리며 나비넥타이와 조끼를 입은 웨이터가 근사하게 서빙해 주는 음식으로 80년대 큰 사랑을 받다가 1990년 이후 급격히 인기가 시들해진다.

식당 인테리어와 서버의 옷차림조차 유럽의 형식미를 모방했던 돈가스는 오히려 깍두기와 풋고추라는 지극히 한국적인 요소와 결합하여 기사식당에서 명맥을 이어 가게 된다.

'경양식 돈가스'의 주인공이 본연에 충실한 메인 요리라면 '일본식 돈가스'는 아시아인의 주식인 밥의 '반찬'으로 존재한다. 경양식은 통으로 나와 나이프와 포크로 썰어 먹어야 하는 반면, 일본식은 주방에서 이미 썰어져 나와 오로지 젓가락만으로도 먹을 수 있다.

또 경양식은 고기를 망치로 얇게 펴서 튀겨 낸 반면, 일본식은 굵은 두께의 고기를 숙성시킨 후 조리한다.

그렇다면 한국에 들어온 일본식 돈가스의 원조 식당은 어디일까? 바로 1983년 개업하여 올해로 40여 년간 2대째 대물림을 하고 있는 「명동돈가스」이다.

　「명동돈가스」의 창업주로 올해 작고하신 윤종근 회장은 본디 외식 사업가가 아니라 반도패션(現 LF)의 임원이었다. 비즈니스 목적으로 자주 방문했던 일본에서 연이 닿아 동경의 「동키」라는 매장에서 비법을 전수받아 「명동돈가스」를 개업하게 된다.

　과거 서울 상권의 중심이었던 명동 지역에, 어디에서도 팔지 않은 두툼한 일본식 돈가스를 취급하다 보니 당시 서울 시민들은 대부분 이 집에 대한 추억이 하나씩은 있을 터인데, 나 역시 국민학생 시절 엄마 손 잡고 시골에서 올라와 먹었던 추억이 있다.

　그 추억을 떠올리며 점심시간에 홀로 방문하였다. 필자가 '홀로' 방문했던 이유는 골조 빼고 다 바꾼 수년간의 리모델링 공사에서 거의 유일하게 남은 부분이 1층의 오픈 주방과 나무 다찌석인데, 2인 이상은 2층으로 안내하고 혼밥러는 1층 다찌석에 앉을 수 있기 때문이다.

역시 일본식 돈가스답게 밥과 장국이 나오고, 기름기 없이 촉촉하게 튀겨 낸 돈가스, 참깨 간장 드레싱을 뿌려 먹는 양배추샐러드 등이 나온다. 고기와 튀김옷이 분리되긴 해도 젓가락으로 잡아 겨자소스에 살짝 찍어 먹으면 세월이 만들어 낸 '최상급 튀김'이라는 생각이 절로 든다.

대한민국 냉면 족보의
시조 식당

서울: 「오장동흥남집」

동네 지명에 자연스레 따라붙는 음식이 있는 메카가 서울에도 몇 군데 있으니 신림동 하면 순대요, 신당동 하면 떡볶이고, 왕십리는 곱창이요, 장충동에는 족발이다! 그리고 오장동에는 '함흥냉면'이 공식처럼 존재한다.

한국전쟁으로 고향을 잃은 이북 피난민들은 남한에서 의지할 데라곤 동향 사람밖에 없으니 자연스레 모여 살게 되었는데, 당시 함경도 실향민들이 집단으로 거주한 곳이 대표적으로 부산과 속초, 서울의 오장동 인근이다.

그래서 현재 대한민국에서 함흥냉면으로 유명한 곳 역시 함경도 실향민들이 자리 잡은 부산과 서울 오장동, 그리고 속초다.

부산의 밀면과 속초의 코다리냉면

한국전쟁 당시 흥남 부두 철수 작전을 통해 거제도와 부산 영도로 내려온 이들은 실향의 아픔을 '밀면'으로 달랬고, 육로로 이북에서 내려와 속초에 자리 잡은 이들은 동해에서 많이 잡히던 명태를 이용해 '코다리냉면'을 만들어 냈고, 서울에 모여 산 이들은 오장동에서 이북에서 먹던 감자녹말국수 대신 고구마 전분으로 만든 회냉면을 먹으며 하루빨리 고향으로 돌아갈 날을 기다렸다고 한다.

「오장동흥남집」의 창업주인 노용언 할머니 역시 함흥 출신으로 흥남 부두 철수 작전 당시 거제도와 부산을 거쳐 서울로 올라와 1953년 식당을 열었다고 전해진다. 70여 년 가까이 한자리에서 4대째 가업을 잇고 있으니이 집의 역사가 곧 남한의 함흥냉면 역사라 해도 과언이 아니다.

평양냉면이 본격적으로 대중의 사랑을 받은 것이 십수 년밖에 되지 않다 보니 50대 전후 세대는 냉면 입문을 함흥냉면으로 한 경우가 대부분인데, 나 역시 그렇다.

한동안 오장동을 드나들다가 2017년을 전후로 양념의 감칠맛은 떨어지고, 매운맛만 강조되는 변화가 있어 발길을 끊었다가 오랜만에 방문했는데, 기쁘게도 다시 예전의 맛을 되찾은 듯싶다.

통상 함흥냉면은 비빔으로 먹기 마련이고, 면에 양념장만 얹어 나오는 반면, 이 집은 비빔냉면이라도 특제 비법 소스인 '간장 육수'가 그릇에 자작하게 담겨 나온다. 간장 육수는 뭉쳐져 떡이 지기 쉬운 고구마 전분 국수 타래를 부드럽게 풀리게 하고, 양념이 고루 비벼지도록 하는 것으로 오케스트라의 지휘자 역할을 담당한다고 보면 된다.

「오장동흥남집」의 양념 5총사

　이 집의 냉면을 맛있게 먹는 방법은 설탕과 참기름을 '다소 과하게' 사용하는 것이다. 우선 면에 설탕을 뿌려 단맛이 배게 한 다음 식초와 겨자를 두른 뒤 초벌로 비벼 주고, 참기름을 둘러 제대로 비벼 내면 된다. 면에 스며든 달달함이 느껴지는 듯하다가 곧이어 매콤한 양념이 치고 들어오고, 다시 그 뒤를 이어 참기름의 고소한 향이 대미를 장식한다.

  평양냉면은 메밀가루로 제면을 하니 '면수'가 제공되지만, 함흥냉면은 전분 가루로 제면을 하여 면수는 없고, 대신 '육수'가 제공된다. 함흥 비빔냉면의 매운 양념은 물로는 헹궈 내지 못하는데, 냉면 한 젓가락 먹고 따뜻한 육수를 한 모금 머금으면 신기하게도 매운맛이 순해진다.

🍴 추가잡설

허영만의 『식객』에는 함흥냉면을 매개로 인연이 맺어진 남녀 이야기가 나오는데, 허 화백의 취재에 따르면 1970년대 후반만 해도 최소 여섯 이상의 함흥냉면 식당이 성업을 했다고 한다.

한동안 「오장동흥남집」, 「오장동함흥냉면」, 「신창면옥」 3강 체제가 이루어졌으나 「신창면옥」이 평택으로 이전한 데다가 평양냉면이 대중의 사랑을 한 몸에 받으며 상대적으로 소외된 함흥냉면의 메카인 오장동은 과거의 영화가 무색하기만 하다.

부산: 「내호냉면」

인류의 역사는 인간의 끊임없는 이동을 통해 문명이 전파되었고, 이질적인 문명이 통섭(統攝)되어 새로운 것들이 만들어졌고, 다시 그것이 반복하며 발전하고 있다.

전쟁은 지배하고자 하는 정복욕에서 비롯되었으나 난리로부터 생명을 지키려는 이동 행위, 즉 피란(避亂) 역시 만들어 냈다.

그래서 피란민이 만들어 낸 음식은 '불운한 전쟁의 소용돌이 속에서 살고자 하는 인간이 만들어 낸 작은 풀꽃 같은 소박함'을 안고 있다.

당시 밀면 가게를 재현한 모습(출처: 부산 임시수도기념관)

다소 거창했지만, 부산의 소박한 향토 음식 '밀면'에 관해 이야기해 보려한다.

1950년 6월, 북한군은 기습 남침하여 파죽지세로 남하했고, 부산은 임시 수도이자 피란길의 종착지가 되었다. 흥남 부두 철수와 1.4 후퇴로 60만 명의 피란민이 부산으로 몰려들며 인구는 급증했다. 그렇게 전국 각지에서 몰려든 사람들은 섞여 살며 부산이라는 용광로 속에서 새로운 문화를 만들어 낸다.

밀면의 시작은 '함흥냉면'과 '삯국수'라는 두 가지 키워드로부터 시작된다.

당시 흥남 철수 작전 사진 자료

거제 포로수용소 유적공원의 기념비

부산의 밀면은 빨간 양념장이 올라간 것이 묘하게 함흥냉면과 닿아 있다는 느낌을 준다.

이는 함흥·흥남 지역 10만여 명의 피란민이 흥남 부두에서 배를 타고 내려와 도착한 곳이 남쪽 중의 남쪽인 거제 장승포였으니, 함경도 사람들이 먹던 농마국수와 이들이 부산에서 정착하여 만들어 낸 밀면은 기시감이 들 수밖에 없다.

실제 이 식당의 메뉴판을 보면 다른 밀면집에서는 만나기 힘든 메뉴인 '양념 가오리회'가 있는데, 이는 감자 전분으로 만든 면에 양념 가오리회를 얹어 먹던 함흥 지역 '회국수'의 흔적이다.

물론 평안도 지방에서 내려온 이들도 부산에 자리 잡았지만, 평양냉면의 주재료인 메밀은 전란 이후 밀가루 가격 대비 다섯 배 이상 비쌌던 데다 부산에선 경작하지 않았던 작물이다 보니 자연스레 평양 음식은 부산에서 명맥이 약해질 수밖에 없었다.

　　어느 지역에서 어떠한 음식이 대표성을 가진다는 것은 '해당 지역에서 손쉽게 재료를 구하기 용이하다'는 의미와 일맥상통한다. 당시 60만 명의 피란민이 거주하고 있던 부산에 미국의 무상 원조 물품인 '밀가루'가 집중 배급되었다는 것은 당연한 일이다.

　　그렇다고 애초부터 밀가루가 흔하니 밀면이 뚝딱하고 만들어진 것은 아니다. 피란민들이 내려와 만들어 먹던 고향의 농마국수는 주로 감자 전분을 사용하는데, 경상권은 기후 문제로 감자보다는 고구마를 경작하던 지역이니 말린 고구마를 곱게 빻은 가루로 면을 뽑아 만든 음식이 오늘날 우리가 먹는 함흥냉면이다.

「내호냉면」에 삵국수 의뢰를 맡긴 동항성당의 故 하 안토니오 신부

당시 이북 지역에서는 집에서 감자 전분을 가져가면 식당에서 품삯만 받고 국수를 만들어 주는 '삯국수'라는 독특한 문화가 있었는데, 우암동 「내호냉면」에서 동항성당 하 안토니오 신부의 의뢰를 받아 밀가루와 고구마 전분을 7:3의 비율로 섞어 만들어 낸 것이 밀면의 시초로 알려져 있다.

'빈자의 성자'라고 불렸던 하 안토니오 신부의 동항성당 주임신부 부임 시기가 1959년이니 「내호냉면」에서 최초로 밀면을 만들었던 시기 역시 그 즈음으로 추정된다.

『식객』에도 소개된 밀면 원조 식당, 「내호냉면」

부산에선 「김밥천국」에서도 파는 것이 밀면이라지만, 이왕 경험하려면 밀면 원조 식당인 「내호냉면」을 추천한다. 「내호냉면」이 부산에서 개업한 시기는 1953년이나 실상 이 냉면집의 역사는 1919년 이북에서 개업한 「동춘면옥」으로부터 셈해야 한다.

「동춘면옥」의 주인장이었던 이영순 여사가 전쟁 통에 피란을 와서 같은 상호로 식당을 열었다가 우암동에서 장사를 시작한 지 10여 년 정도 되던 해 고향인 흥남면 내호리를 그리워하는 마음을 담아 「내호냉면」으로 이름을 바꾸었으니, 이곳은 4代째 이어 오는 백 년 식당이라 봐야 한다.

또한, 밀면 원조 식당임에도 상호는 오히려 '내호밀면'이 아닌 「내호냉면」인 것은 식당의 뿌리가 냉면집이었던 「동춘면옥」이고, 고구마 전분으로 만든 냉면을 팔던 곳이어서라는 것도 꼭 기억해 두어야 할 이야기이다.

밀가루와 고구마 전분 7:3 원조 배합 비율의 밀면

　사실 이 집을 경험하기 전 다른 식당의 高함량 밀가루 면을 먹을 때만 해도 큰 감흥이 없었는데, 한국 근대사에 얽힌 시대의 아픔을 알고 「내호냉면」의 밀면을 먹으니 모든 것이 의미 깊게 다가왔다.

　밀가루 면에 고구마 전분 가루가 들어가니 냉면이나 다른 식당의 밀면보다 면이 좀 더 두터웠고, 소의 사골과 사태, 양지로 우려낸 육수는 깔끔하며 개운했다.

32 'Since 1945', 다큐멘터리가 되살려 낸 진주의 명가, '진주냉면'

진주: 「하연옥」

평양냉면은 평양을 넘어 북한을 대표하는 음식이다. 이북 음식이라 하면 함흥냉면과 어복쟁반, 온반과 만두 등이 있지만 평양냉면의 아우라에는 미치지 못한다.

회담 환영 만찬에서 옥류관 평양냉면을 먹는 남북한 정상

2018년 4월, 김정은 북한 국무위원장이 판문점 평화의 집에서 열린 남북 정상회담 환영 만찬에 가져온 음식 역시 평양냉면이다. 평양 음식이 평안도를 넘어 이북을 대표하는 대표적인 음식이 된 것은 지리적인 요인이 한몫했다고 본다.

평양은 대륙의 오랑캐로부터 나라를 방어하는 주요 군사 도시였으니 고급 관리와 상인들이 거주하며 온갖 물산의 집산지가 되었을 테고, 또한 대륙과 한반도를 연결하는 중간 지점으로 중국의 사신들이 한양에 들어가기 전 여독을 풀던 도시였으니 접대 문화 역시 발달했을 것이다. 식도락이 발달하기 위한 전제 조건이 '풍부한 물자'와 '식문화를 향유하고 발전시킬 귀족 집단'이니 평양의 음식이 명성을 얻은 것은 당연한 일이다.

남쪽에도 평양의 대척점이 될 만한 식도락이 발달한 도시가 있으니 바로 '진주'이다. 예로부터 "남에는 진주가 있고, 북에는 평양이 있다."라고 했다. 진주 역시 지리적으로 영호남의 길목에 위치하여 조선시대에는 한때 경상도 최대 도시라는 타이틀을 달기도 했으며, 일제강점기 초반까지 경상남도 도청 소재지가 자리했던 곳이니 지나간 영화는 눈부시기 이를 데 없다.

화려함이 꽃과 같다 하여 화반(花盤)이라 불리는 진주비빔밥과 진주냉면

    진주는 한국에서 가장 대중적인 음식인 '비빔밥'과 '냉면'이 모두 탄생한 유일한 도시로 다른 지역에 비해 고명의 화려함이 대단하다.

    음식이 화려하다는 것은 소비 주체가 일반 서민이 아닌 돈 있고 권세 있는 지배 계층이었다는 것을 의미한다. 실제 진주냉면은 지역 양반들과 부임해 온 관리들이 기방에서 선주후면(先酒後麵)으로 즐겨 먹던 음식인데, 조선

이 망하고 교방(教坊)과 기생조합인 권번(券番)의 해체에 따라 쇠퇴하게 된다.

진주 중앙시장 대화재 소식을 다룬 신문(1966년 2월 8일 자 『조선일보』)

　　그나마 기방에서 나온 숙수(熟手)들이 진주 중앙시장에 냉면집을 개업하여 명맥을 이었으나, 이마저도 1966년 2월 발생한 대화재로 맥은 끊어지게 된다. 서민들이 일상에서 먹던 음식이었다면 여염집 정지(부엌)에서 질긴 생명력을 이어 갔겠지만, 메밀을 갈아 반죽하여 제면하고 따로 육전을 부쳐 고명으로 얹는 화려하지만 손이 많이 가는 음식의 조리법은 계승되지 않고 사라져 버린다.

분명 문헌에는 남아 있으나, 만드는 이 없는 진주냉면을 되살린 계기는 부산방송과 진주시, 한국전통음식문화연구원의 김영복 원장이 합작해서 만든 다큐멘터리인 「진주냉면(2000년 방영)」 덕이다.

진주냉면을 부활시킨 한국전통음식문화연구원 김영복 원장

다큐멘터리를 보면 진주냉면을 부활시키려는 김영복 원장의 노력은 고집스럽고 질경이처럼 질겨서 일종의 숭고미(崇高美)까지 느껴진다. 우선 그가 시작한 진주냉면의 재현 작업은 문헌과 구전을 고증하는 데 그치지 않았으며, 진주냉면 기술자를 찾는 것에서 정점(頂点)을 찍는다.

마지막으로 폐업한 냉면집의 토지대장까지 뒤져 가며 관련자를 수소문하고, 과거 진주냉면의 맛을 기억하는 분들을 수소문하여 검증을 했다.

진주냉면 재현 모습과 검증단(「수영식당」출신 정태호 냉면 기술자)

　　그렇게 수소문해서 찾아낸 진주냉면 조리법을 알고 있는 이가 세 명, 검증 작업을 맡은 분들은 젊은 시절 먹었던 진주냉면의 맛을 기억하는 지역 노인들이다. 검증 작업은 전체적인 맛뿐 아니라 고명으로 올리는 김치가 백김치냐, 고춧가루 김치냐부터 해물 육수와 장국의 배합비와 색 등 꽤 정교하게 진행되었다.

이렇게 온고지신한 진주냉면의 조리법은 서부시장에서 「부산냉면」이란 상호로 냉면을 팔던 황덕이 할머니에게 전수되었고, 상호는 진주냉면을 팔기에 당연히 「부산냉면」에서 「진주냉면」으로 바꾸게 된다.

이후 막내 따님이 물려받은 본점은 본인의 이름을 따서 「하연옥」으로, 아드님이 물려받은 곳은 며느리의 성함을 따서 「박군자진주냉면」으로 계보가 나누어지게 된다.

식당의 역사는 1945년 1대 故 하거홍 사장께서 중앙시장의 「부산식육식당」으로 시작하셨으나, 진주냉면의 명맥을 이은 것은 2000년대 들어서다. 그리고 상표권 등록을 위해 「진주냉면」에서 「하연옥」으로 상호를 바꾼 시기는 불과 2011년의 일이다.

하연옥의 비빔냉면과 물냉면

서울 사람들은 소의 사골이나 양지를 고아 만든 '슴슴한' 평양냉면에 익
숙하니 해물 육수의 감칠맛과 절제와 여백의 아름다움 없이 그릇에 꽉 차
게 올린 육전과 계란 지단, 편육 등의 고명이 과하다고 느낄 수도 있다.

특색이 분명한 만큼 호불호 역시 강한 편이나, 진주냉면의 역사를 알고
먹으면 오히려 맛의 균형과 완성도가 굉장히 탄탄하다는 것을 느낄 수 있
다. 진주냉면이 궁금하다면 물냉면을 먹어야 하지만, 개인적으로 육전을
싸 먹을 때의 궁합은 오히려 비빔냉면이 더 좋다고 느껴진다.

「하연옥」의 육전과 서비스로 제공되는 선짓국

    냉면과 곁들여 먹을 메뉴로는 육전을 추천한다. 육전을 별도로 주문하면 선짓국이 서비스로 제공되는데 깊은 맛이 일품이다. 육전의 감칠맛 역시 대단한데, 계란물에 해물 육수 배합을 하는 것으로 알고 있다.

서울: 「우래옥」

대한민국에서 가장 오래된 식당 상표권을 보유했으며, 최고로 오래된 평양냉면집이자 최고로 인기 있는 식당 중 하나이고, 사시사철 오픈런을 해도 대기를 해야 하는 식당이 있다. 바로 을지로에 위치한 「우래옥」이다.

「우래옥」의 전신은 평양에서 「명월관」이란 식당을 운영하던 장원일, 나정일 부부가 광복 직후 남하하여 1946년경 서울에 문을 연 「서북관」이다. 한국전쟁 때 피난 갔다가 다시 돌아와서 열었다 하여 「우래옥(又來屋)」으로 간판을 바꿔 달았다.

대부분의 이북 냉면집들이 한국전쟁 이후 남한에서 개업한 것에 반해 이 집은 광복 직후 문을 연 「서북관」으로부터 역사가 시작되니 현존하는 최고(最古) 업력을 지닌 평양냉면 식당이다. 실제 특허청에서도 최장수 식당 상표권은 1969년 등록한 「우래옥」이라 발표한 바 있다.

서울 평양냉면의 계보는 크게 소와 돼지고기를 섞은 육수가 무미할 정도로 슴슴하지만 먹을수록 특유의 감칠맛이 올라오는 데다 육수에 파와 고운 고춧가루가 뿌려진 의정부 계열과 의정부 계열과 비슷하지만 좀 더 간이 있고 면의 식감이 까슬까슬한 장충동 계열, 그리고 한우 암소로 뽑아낸 진한 감칠맛의 「우래옥」 계열로 나눌 수 있다.

평양냉면은 양념과 조미료에 좌우되는 음식이 아니다 보니 맵거나 달고, 시고, 짠맛이 일체 배제된 슴슴한 절제미가 강조되는 음식이다.

그러나 오히려 그 맛이 슴슴하기에 은은하게 치고 올라오는 메밀 향, 채로 썰어 낸 배에서 올라오는 달큰함, 맑은 육수를 들이켜고 난 후 올라오는 육향 등이 하나하나 제대로 느껴진다.

「우래옥」은 오로지 한우로만 육수를 내기에 시중의 다른 평양냉면보다 육수의 향이 진하기로 유명하다. 맛이 좀 밋밋하다 하여 평양냉면을 멀리하는 이들에겐 '평냉 입문 식당'으로 추천할 만하다.

셋. 대한민국 냉면 족보의 시조 식당

「우래옥」 본점에는 단골들만 주문하는 비밀 메뉴가 있으니 이북의 여름 별미인 '김치말이'다. 보통 김치말이라 하면 붉은 김칫국물로 말아 낸 하얀 소면을 떠올리기 쉬우나, 원형에 가장 가깝게 재현한 이곳의 김치말이는 밥이 말아 나온다.

양평:「옥천냉면황해식당」

　남한에 자리 잡은 이북의 음식은 한국전쟁 당시 남한으로 피란 온 실향민의 이동 경로 및 정착지와 정확하게 일치한다. 1.4 후퇴 당시 국군을 따라 남하한 함경도 출신 실향민들이 전쟁이 끝난 뒤 고향으로 돌아갈 생각에 휴전선에서 가까운 속초 청호동에 자리 잡고 집단 촌락을 형성하니 이곳이 바로 '아바이마을'이다.

갯배를 타고 들어가는 속초 아바이마을과 아바이순대

아바이마을에서 경험할 수 있는 이북 음식으로는 언제나 든든한 내 편인 아버지처럼 내용물이 실하고 듬직하다 해서 이름 붙여진 '아바이순대'와 갈비의 함경도 사투리인 '가리'로 만든 국밥이 있다.

청계천 변 을지로와 오장동이 평양냉면과 함흥냉면의 메카가 된 것 역시 이북에 고향을 두고 온 실향민들이 모여 살며 자연스레 수요와 공급이 어우러진 것과 같은 맥락이다.

그래도 평양냉면과 함흥냉면은 서울에 안착하며 대중의 인기를 얻어 성장했지만, 북한 황해도 해주 지역의 냉면은 인구가 많지 않은 백령도와 경기도 양평 옥천 지역에 자리를 잡으며 상대적으로 널리 알려지지 못했다. 오히려 백령도와 양평군 옥천면에 자리 잡은 해주냉면은 인구밀도가 적은 곳에 실향민 집단 촌락을 이루며 냉면 타운을 만들어 냈다는 측면에서 속초 아바이마을과 굉장히 닮아 있다.

재미있는 대목은 절대적인 마니아층을 확보하고 있는 평양냉면과 함흥냉면은 오히려 이북의 지명으로 불리는 데 반해, 해주냉면은 남한의 지명을 따서 백령냉면, 옥천냉면으로 불린다는 것이다. 분명 두 냉면 모두 황해도 해주라는 지역에서 나왔으나, 각자 특성이 강한 '배다른 형제'에 가깝다.

위로부터 해주냉면의 계보를 잇는 백령냉면과 옥천냉면

백령도의 해주냉면은 한우 잡뼈를 우린 육수를 사용하여 육수가 흰색을 띠고, 특산품인 까나리 액젓으로 간을 사용하기에 시큼 쿰쿰한 맛과 향이 있는 반면, 옥천의 해주냉면은 돼지 육수에 조선간장을 가미하여 육수의 색이 거멓고 메밀에 전분을 섞어 만든 면이 평양냉면에 비해 굵고 통통한 것이 특징이다.

지역에 따른 냉면의 개성이 워낙 강하고, 이미 평양과 함흥냉면에 마니아층을 선점당한 것도 해주냉면의 인지도가 낮은 원인이다. 그나마 1980년대 마이카(My Car) 시대가 도래하고, 1990년대 여가 문화가 퍼지며 수도권 가까이 드라이브하기 좋은 양평의 옥천냉면이 인천의 백령냉면보다는 좀 더 인지도를 쌓은 모양새다.

「옥천냉면황해식당」

수도권 근교 나들이에 나섰다가 경험하는 양평의 맛이다 보니 사람들이 가장 알아주는 곳은 6번 국도 대로변에 자리한 「옥천냉면황해식당」이다.

한국전쟁 발발 후 황해도 금천에서 피난을 내려온 부부는 부산에서 지내다 종전 후 하루라도 빨리 고향으로 돌아가고자 경기도 양평으로 올라왔다.

부부는 구슬 같은 샘이 있다 하여 옥천(玉泉)이라 불리는 곳에 잠시 거처를 정하고 궁여지책으로 금천에서도 만들었던 냉면을 팔게 되니 때는 1952년이요, 이 시기는 바로 「옥천냉면황해식당」의 시작이자, 이북 음식인 해주냉면이 남한 경기도 양평의 향토 음식으로 자리 잡게 된 배경이라 하겠다.

옥천냉면과 완자, 무짠지

이 식당에서는 여타 냉면집에서 만나기 힘든 존재감 강한 곁들임 메뉴가 존재하는데, 큼지막하게 부쳐 낸 '완자'이다.

　　통통한 메밀 면에서 나오는 구수한 맛과 조선간장의 짭조름함, 돼지고기 육수의 감칠맛 등을 한층 더 조화롭게 해 주는 것은 2년 이상 염장해 숙성시킨 무로 만들었다는 '무짠지'요, 식탁과 위장을 든든하게 해 주는 것은 '완자'라 하겠다.

서울: 「골목냉면」

조선 세종 27년(1445년), 훈민정음으로 쓴 최초의 책이 출간되니 바로 『용비어천가』이다.

훈민정음으로 만든 최초의 책, 『용비어천가』(출처: 한글박물관 소장)

"뿌리 깊은 나무는 바람에 아니 움직이니 꽃 좋고 열매가 많다."라는 우리에게 친숙한 이 구절은 지극히 당연한 자연의 이치를 노래하는 듯하나 실은 태조 이성계의 고조부인 목조(穆祖)에서 태종(太宗)에 이르는 여섯 선조(先祖)에 대한 행적을 노래한 서사시(敍事詩)이다.

여러 가문의 족보(출처: 『교수신문』)

조선시대 통치 이념은 유교이고, 유교 공동체의 실질적인 토대는 결국 '가족 공동체'이며, 그 가족 공동체의 뿌리는 선조로부터 현재까지의 혈통 가계도인 '족보'에 근거한 가문(家門)에 있다.

족보는 가족 구성원들 간 소속감과 안정감을 갖게 하고, 문중(門中)의 집단적 의지는 개개인의 삶의 가치와 기준을 세워 준다. 이런 점에서 족보는 곧 그 집안의 '역사이자 정체성'이기도 하다.

도시별 냉면의 계보

해주냉면
(까나리액젓)

평양냉면
(의정부계열 시조)

평양 · 함흥 · 서울식냉면
(냉면 격전지)

진주식 물냉면
(해물육수)

냉면의 원조 도시
전파된 냉면의 계보

함경도식
비빔회 냉면

해주냉면 (완자)

평양냉면

밀면
(함흥냉면의 현지화)

함흥
평양
사리원
해주
의정부
속초
백령도
서울
양평
풍기
진주

도시별 냉면의 계보

　거창하게도 '뿌리와 족보'라는 화두로 글을 시작하였는데, 이 거창한 내용을 음식에 접목해도 전혀 이상하지 않은 메뉴가 있으니 이름하여 '냉면'이다. 냉면은 내가 아는 한 지역별 특성이 뚜렷하게 차이 나면서도 고유한 계보가 존재하는 말 그대로 '족보 있는 음식'이다.

냉면은 면과 육수에 사용하는 재료에 따라 함흥, 평양, 해주, 진주 등 지역별로 구분되고, 다시 의정부파와 장충동파라는 양대 산맥으로 계보가 나뉜다.

금호동 금남시장의 「골목냉면」

그런데 여기의 어느 카테고리에도 끼지 못했으나 서민들의 애환이 서린 재래시장에서 수십 년째 터줏대감으로 사랑받고 있는 노포 냉면집이 있으니 성동구 금호동 금남시장에서 1966년 개업하여 3대째 이어 오는 「골목냉면」이 바로 그곳이다.

아직 외식산업이 본격적으로 유행하기 전인 1960년대 개업한 식당들은 대부분 상호랄 것이 없었다. 특별한 레시피가 있어 장사를 시작한 것이 아니라 전쟁 후 없는 살림 통에 먹고살기 위해 장사에 나서다 보니 상호도 간판도 변변하지 못했다.

골목 안쪽에 자리한 「골목냉면」 식당

그 당시 식당의 상호는 단골들이 주인장의 고향이나 외모, 식당 위치 등 단순하면서도 단편적인 특징 하나를 잡아 편하게 부르곤 했는데, 이 식당은 금남시장 골목 안쪽에 자리하고 있다 보니 상호명이 자연스레 「골목냉면」이 되었다.

　비근한 예로 부산 영도의 노포 곱창집 상호가 「서울집」인 것은 부산으로 피란 온 주인장의 고향이 서울이기 때문이고, 종로 시계 골목에서 성업했던 「곰보냉면」은 창업주의 얼굴에 곰보 자국이 있어 단골들이 부르던 이름이 그대로 상호가 된 경우가 있다.

　이 집의 냉면은 진주냉면처럼 황태, 멸치, 새우, 다시마 등 다양한 해물로 육수를 낸다. 하지만 1960년대라면 진주냉면의 맥이 끊겨 있던 시기인데다 소고기, 닭고기, 꿩고기를 사용하는 평양식도 아니었다. 그리고 냉면에 매콤 새콤한 빨간 비빔 양념이 들어가서 '서울식 냉면'이라는 타이틀을 갖게 되었다.

「골목냉면」의 브랜드 철학을 방패연에 빗댄 설명 안내문

재래시장의 냉면이라 가격이 저렴할 뿐, 저렴하게 만들진 않는 것이 시
장 노포 냉면의 공통점이다. 가게 벽면 한편에는 한국의 전통 연인 '방패
연'에 「골목냉면」의 정신을 빗대어 해석하신 내용이 있는데, 주인장의 장
인 정신과 이 집 냉면의 가치를 함께 엿볼 수 있다.

수북이 올려 준 고명과 참깨가 특징인 「골목냉면」

이 집의 대표 메뉴인 비빔냉면은 고운 고춧가루와 참깨, 오이와 절임무 등의 고명이 잔뜩 올라가 있다. 물냉면 역시 참깨가 수북이 올라가 있는 것은 매한가지인데 해물로 빚어낸 육수의 감칠맛이 참 좋다.

보통 냉면은 절제된 여백의 맛을 즐기는 음식이라 평하지만, 이 집의 냉면은 참깨와 고명이 절제는커녕 좀 과하다 싶은데, 이는 오히려 전쟁 후 물자가 귀했던 그 시절 무조건 많이 얹어 주는 것이 미덕이었던 시대상이 반영된 레시피가 그대로 유지되고 있다고 해석함이 맞을 듯하다.

실제 재래시장에서 오랜 업력을 자랑하는 노포 냉면집인 「동아냉면」,

「깃대봉냉면」, 「할머니냉면」, 「곰보냉면」 등은 한결같이 참깨의 사용이 과하다는 공통점을 지니고 있다.

식당에서 직접 빚은 찐만두

아울러 직접 빚은 만두도 평균 이상을 훨씬 상회하는 맛을 낸다. 김치만두라고는 하는데 신김치만 잔뜩 들어간 수수한 시장 만두가 아니라 나름 고기 배합 비율까지 괜찮은 편이라 외양은 투박하더라도 이곳을 찾은 손님들로 하여금 한 접시 더 먹게 만드는 묘한 맛이 있다.

문화체육관광부가 발표한 '2023 국민 독서실태조사'에 따르면 1년에 단 한 권이라도 책을 읽지 않은 성인이 10명 가운데 무려 6명에 달한다고 합니다. 여기에 전자책과 오디오북을 제외하고 종이책으로만 한정한다면 그 수는 7명으로 올라갑니다.

과거 책을 통해 전해졌던 다양한 분야에서의 지식과 경험들이 스마트폰의 등장과 유튜브와 인스타 등 영상 기반 플랫폼의 출현으로 많이 퇴색되었습니다.

그럼에도 불구하고 여전히 전 책을 읽는 행위가 우리의 인생을 더욱 풍요롭게 만들어 준다고 생각합니다.

부족함을 알고 있음에도 이 책의 출간을 감행한 것은 그래도 누군가는 향토 음식에 관한 이야기를 기록으로 남겨야 한다는 책임감, 서울 중심가 위주 노포만 그 가치를 인정받는 것에 대해 누군가는 지방의 오래된 밥집 역시 책으로 널리 알렸으면 하는 마음이 그 부족함을 앞섰기 때문입니다.

거기에 더해 본인의 책은 제 인생에 있어 영구적인 자산으로 남아 '최고의 명함'으로 존재하리라는 개인적인 욕심 또한 있었음을 부정하지 않습니다.

취미로 음식에 관한 글을 쓰기 시작한 것이 2014년경입니다. 처음에는 식당에 대해 맛있다, 맛없다 정도의 단편적인 이야기만 기록하던 내용이 "왜 이 지역에는 이 음식을 내는 식당이 많을까? 저 지역에서는 이렇게 조리하는데, 왜 이 지역에서는 다른 방식으로 조리할까?"라는 내용으로 점점 그럴듯해졌습니다.

이 책에는 지방의 향토 음식점과 서울 지역의 노포 이야기가 담겨 있기도 하지만, 밥집을 함께 다녔던 제 가족과 직장 동료들, 미식이라는 공감대로 뭉쳐 정을 나눈 벗들과 나눈 밥상머리 이야기도 담겨 있습니다.

부족하지만, 아쉽지는 않습니다.
제가 먼저 나선 길을 누군가는 뒤따라오며 각 지역을 대표하는 향토 음식과 노포의 가치가 재조명될 테고, 그이는 저보다 더 환한 빛을 뒤따라오는 이에게 비춰 줄 것이라 믿으니까요.
이 책을 읽어 주시는 독자님들께 꼭 전하고 싶은 한마디,
"맛있는 경험이 행복한 인생을 만듭니다."

감사합니다.